写给设计师的书

书籍装帧
设计手册

赵申申　编著

清华大学出版社
北　京

内容简介

本书是一本全面介绍书籍装帧设计的图书，知识易懂、案例趣味，突出动手实践、发散思维。

本书从书籍装帧设计的基础知识入手，循序渐进地为读者呈现一个个精彩实用的知识、技巧。全书共分为 7 章，内容分别为书籍装帧设计的原理，书籍装帧设计与色彩，书籍装帧的基础色，书籍装帧设计的元素，书籍装帧的形式设计，书籍装帧色彩的视觉印象，书籍装帧设计秘籍。同时，在本书 4 ～ 6 章的最后还特意安排了"设计实战"，详细为读者分析一个完整的综合实例的设计思路与扩展等。此外，在多个章节中安排了案例解析、设计技巧、配色方案、设计欣赏、设计实战、设计秘籍等经典模块，丰富本书结构的同时，也增强了实用性。

本书内容丰富、案例精彩、版式设计新颖，适合书籍装帧设计师、平面设计师、包装设计师、广告设计师、网页设计师等专业的初级读者学习使用，也可作为大中专院校平面设计专业、书籍装帧设计专业及设计培训机构的教材，还可作为喜爱平面设计和书籍装帧设计的读者朋友的参考书。

图书在版编目 (CIP) 数据

书籍装帧设计手册 / 赵申申编著. —北京：清华大学出版社，2018 (2021.2 重印)
（写给设计师的书）
ISBN 978-7-302-50240-1

Ⅰ. ①书… Ⅱ. ①赵… Ⅲ. ①书籍装帧—设计—手册 Ⅳ. ① TS881-62

中国版本图书馆 CIP 数据核字（2018）第 114731 号

责任编辑：韩宜波
封面设计：杨玉兰
责任校对：周剑云
责任印制：丛怀宇

出版发行：清华大学出版社
　　　　　网　　　址：http://www.tup.com.cn，http://www.wqbook.com
　　　　　地　　　址：北京清华大学学研大厦 A 座　　　　邮　　编：100084
　　　　　社 总 机：010-62770175　　　　　　　　　　邮　　购：010-62786544
　　　　　投稿与读者服务：010-62776969，c-service@tup.tsinghua.edu.cn
　　　　　质量反馈：010-62772015，zhiliang@tup.tsinghua.edu.cn
印 装 者：涿州汇美亿浓印刷有限公司
经　　销：全国新华书店
开　　本：190mm×260mm　　印　张：12.25　　　　字　数：298 千字
版　　次：2018 年 7 月第 1 版　　印　次：2021 年 2 月第 4 次印刷
定　　价：69.80 元

产品编号：076693-01

前言
FOREWORD

本书是笔者对从事书籍装帧设计工作多年的一个总结，是让读者少走弯路寻找设计捷径的实用手册。书中包含了书籍装帧设计必学的基础知识及经典技巧。身处设计行业，你一定要知道，光说不练假把式，本书不仅有理论、有精彩案例赏析，还有大量的模块启发你的大脑，锻炼你的设计能力。

希望读者看完本书后，不会说："我看完了，挺好的，作品好看，分析也挺好的。"这不是编写本书的目的。我们希望读者会说："本书给我更多的是思路的启发，让我的思维更开阔，学会了设计的举一反三，知识通过吸收消化变成自己的。"这是笔者编写本书的初衷。

▶ 本书共分 7 章，具体安排如下

第 1 章 书籍装帧设计的原理，介绍书籍装帧设计的概念、类型、组成结构、功能、原则，是最简单、最基础的原理部分。

第 2 章 书籍装帧设计与色彩，包括色相、明度、纯度、主色、辅助色、点缀色、邻近色、对比色、色彩混合、色彩与书籍装帧设计的关系、常用色彩搭配。

第 3 章 书籍装帧的基础色，从红、橙、黄、绿、青、蓝、紫、黑、白、灰 10 种颜色，逐一分析讲解每种色彩在书籍装帧设计中的应用规律。

第 4 章 书籍装帧设计的元素，其中包括图像、文字、色彩、版面、图形。

第 5 章 书籍装帧的形式设计，其中包括书籍装帧结构设计、书籍装帧内容设计、书籍装帧的装订形式。

第 6 章 书籍装帧色彩的视觉印象，包括 13 种不同的视觉印象。

第 7 章 书籍装帧设计秘籍，精选 16 个设计秘籍，让读者轻松愉快地学习完最后的部分。本章也是对前面章节知识点的巩固和理解，需要读者动脑筋去思考。

本书特色如下

◎ 轻鉴赏，重实践。鉴赏类书只能看，看完自己还是设计不好，本书则不同，增加了多个动手的模块，让读者边看边学边练。

◎ 章节合理，易吸收。第 1 ~ 3 章主要讲解书籍装帧设计的基本知识，第 4 ~ 6 章介绍形书籍装帧设计的元素、形式设计、视觉印象，最后一章以轻松的方式介绍 16 个设计秘籍。

◎ 设计师编写，写给设计师看。针对性强，而且知道读者的需求。

◎ 模块超丰富。案例解析、设计技巧、配色方案、设计欣赏、设计实战、设计秘籍在本书都能找到，一次满足读者的求知欲。

◎ 本书是系列书中的一本。在本系列书中，读者不仅能系统地学习书籍装帧设计，而且还有更多的设计专业供读者选择。

希望本书通过对知识的归纳总结、有趣的模块讲解，能打开读者的思路，避免一味地照搬书本内容，推动读者多做尝试、多理解，增加动脑、动手的能力。希望通过本书，激发读者的学习兴趣，开启设计的大门，帮助你迈出第一步，圆你一个设计师的梦！

本书由赵申申编写，其他参与本书编写的人员还有柳美余、苏晴、郑鹊、李木子、矫雪、胡娟、马鑫铭、王萍、董辅川、杨建超、马啸、孙雅娜、李路、于燕香、孙芳、丁仁雯、张建霞、马扬、王铁成、崔英迪、高歌。

由于编者水平所限，书中难免存在错误和不妥之处，敬请广大读者批评和指正。

编　者

目录

第4章
CHAPTER4
P/55
书籍装帧设计的元素

第5章
CHAPTER5
P/95
书籍装帧的形式设计

第6章
CHAPTER6
P/128
书籍装帧色彩的视觉印象

第7章 CHAPTER7
P/172
书籍装帧设计秘籍

第 1 章　书籍装帧设计的原理

　　书籍装帧设计是指书籍从文稿到成书的整个过程，包括开本选择、装帧形式、封面设计、腰封设计、字体设计、版面设计、色彩设计、插图设计、纸张材料的选择，以及印刷方式和装订方式等工艺程序，也是书籍从平面化到立体化的过程，既包含了艺术思维、创意构思，还包括了技术手法的设计。同时，在生产与设计的过程中，还需将思想与艺术、内容与形式、局部与整体等组合成和谐、统一且富有美感的整体艺术，是一项外在造型构想与内在信息相结合的综合性设计。

　　在设计中，书籍装帧有四大设计要素，分别为文字、图形、色彩与构图。文字包括封面上简练的文字与书芯的文字内容；图形包括摄影图片、插图、图像等，可写实，可写意，也可抽象；色彩包括对比色、邻近色、互补色等；而构图的形式包括垂直、水平、倾斜、曲线、放射、散点等。书籍装帧设计的服务对象为书籍内容，因此在进行装帧设计前，对其内容进行简要的了解是必然前提，同时书籍内容与主题方向决定着书籍装帧的风格定位。

1.1 书籍装帧设计的概念

　　"书籍"即通过一定的手法及手段将文字、图画或其他符号等知识内容，附于具有一定形态的材料上，用于记录知识、保存知识、表达思想、交流沟通、积累人类文化与传播知识等，是书本、期刊、画册、图片等出版物的总称。

　　"装帧"即装潢裱饰书刊，通过把纸张叠成一帧，再将多帧装订在一起，并赋予封面的形式，同时也是书籍外观设计与技术运用的概念，也可称其为艺术设计与工艺制作的总称。

　　就两者结合而言，书籍装帧设计就与一般的平面设计形成了较大的区别，它是从平面到立体、从造型设计到内容编排的综合性设计。在设计过程中，设计师需经过周密的计算、精心的策划、缜密的构思，并灵活运用文字、色彩、图形等视觉元素，对其开本、封面、护封、书脊、版式、环衬、扉页、插图、插页、封底、版权页、书函在内的开本设计、封面设计、版面设计、装订形式及使用材料等进行创作设计，以展示书籍内容、传达作者思想。

1.2 书籍类型

　　自古以来，书籍就是人类的知识、经验与智慧的载体，凝聚了人类全部的精神财富。书籍作为人们日常交流、学习、生活、工作、休闲的文化商品，已是生活中必不可少的一部分。随着时间推移，书籍的种类也日益丰富且逐步细分化。因此，经过笼统的归类，现代书籍根据内容、性质与用途大体可分为社科类、文学类、古籍类、少儿类、艺术类、工具类等。

　　◆ 社科类书籍即以社会现象为主要内容的科学类书籍。

　　◆ 文学类书籍即以国籍文化与时代背景为显著特征，题材丰富，个性鲜明。

　　◆ 古籍类书籍即对古代著作或文献资料的重新整理与撰写，是较为特别的书籍种类。

　　◆ 少儿类书籍即以儿童心理、生理和审美需求为出发点的书籍类别，有别于成年人书籍。

　　◆ 艺术类书籍即针对摄影、绘画、书法、音乐等门类的书籍撰写，具有鲜明的艺术个性。

　　◆ 工具类书籍即极具专业性的书籍类别，如百科全书、词典、教材、参考书目等。

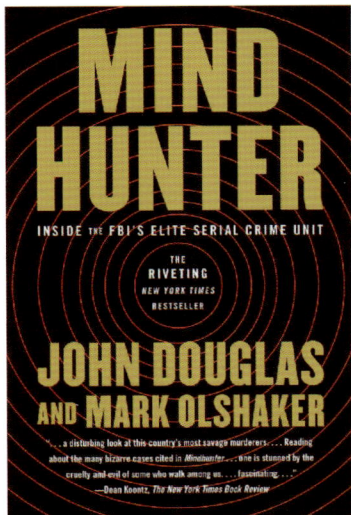
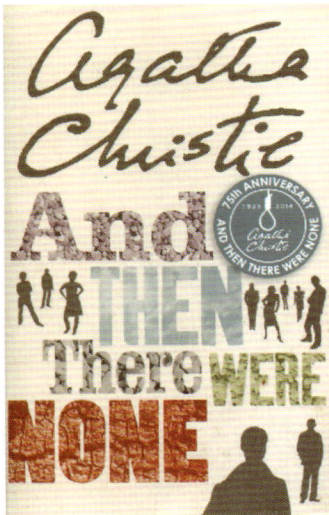
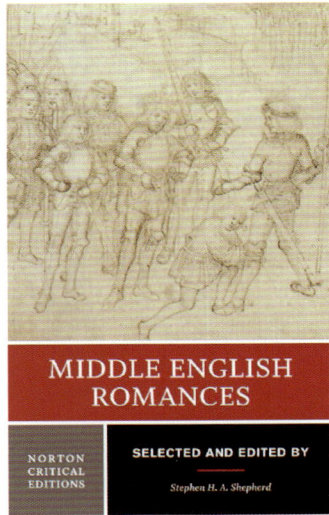

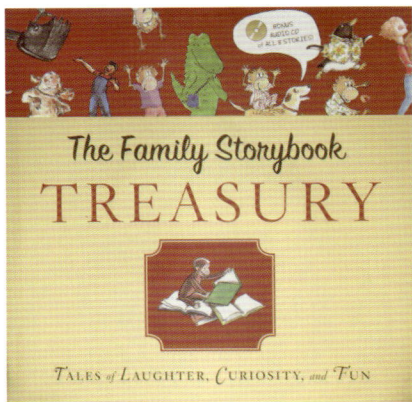
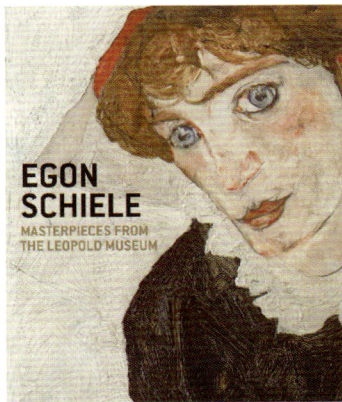
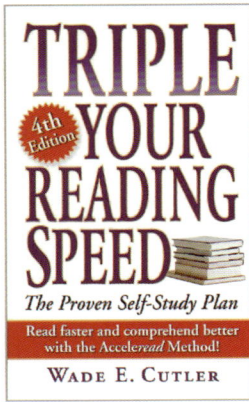

1.3 书籍的组成结构

　　书籍装帧设计是书籍从文稿到成本、从外观造型到内在信息的设计过程，其服务对象是书籍本身，而一本完整的书籍主要由以下元素组成：书函、护封、封面、环衬、封底、扉页、勒口、腰封、书脊、飘口、订口、切口、腰带、书签带、堵布头、书槽、版权页、页码、页眉、目录页、序言页、后记页、附录页、题词页、插页等。

　　其中可分为常态结构与拓展结构两部分：常态结构由封面、封底、书脊、护封、勒口、环衬、扉页及其他页所组成；拓展结构包括书函、腰封、订口、切口、飘口、书签带、堵布头、书槽等。

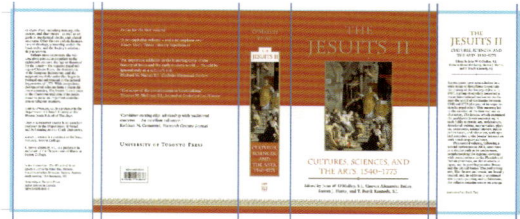

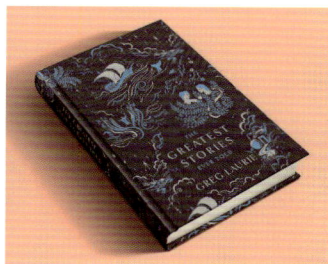

1.4 书籍装帧的功能

　　书籍装帧设计是书籍在生产过程中将其内容、形式、思想、视觉元素等相关信息促成和谐、美观的整体艺术，且符合大多数人的审美习惯，同时具有反映书籍内容、特色和著译者意图的视觉特征。与此同时，书籍装帧设计还有以下几种功能。

　　◆ 促进销售的功能：当人们在选购书籍时，书籍装帧设计的好坏直接影响读者的购买欲望，同时还可以增加产品的附加值。

　　◆ 承载信息的功能：承载文稿、图片等信息是书籍装帧设计的基本功能，也是最为实用的功能之一，同时结合合理的布局构图，可方便读者了解书籍。

　　◆ 保护书籍的功能：书籍在翻阅、浏览、运输、储存的过程中难免遭到损坏，因此书籍装帧的设计就起到了保护书籍、延长书籍使用寿命的作用。

　　◆ 美化书籍的功能：在书籍装帧设计过程中，灵活运用丰富、饱满且富有概括性与创意性的图形、图像等视觉元素，有助于提升书籍整体的视觉艺术感，同时还可以营造温馨的阅读气氛，使读者对其产生美好的联想。

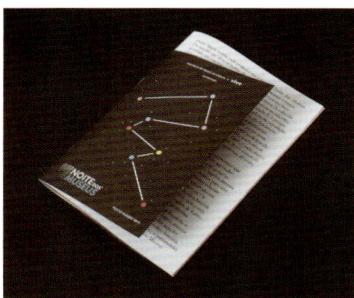

1.5 书籍装帧设计的原则

　　随着社会的发展进步与时间的推移,书籍的种类日益增多,设计形式也越来越丰富,且人们对书籍设计艺术的审美水平也逐渐提高,因此,在书籍装帧设计过程中,设计师需不断地探索与创新,使书籍装帧设计不仅可以有效而恰当地反应书籍内容、特色及作者思想,还要符合大众审美习惯,体现相应民族风格与时代特征。同时,在保证书籍功能与书籍装帧设计本质的前提下,书籍装帧还要遵循相应的设计原则,即实用性原则、商业性原则、趣味性原则与艺术性原则。

　　◆ 实用性原则:实现书籍装帧设计自身价值,符合相应技术与当代购买力。

　　◆ 商业性原则:精确、缜密的编排设计,使书籍内容与形式高度统一,进而提升书籍视觉率与购买力。

　　◆ 趣味性原则:通过色彩、图像等视觉元素的运用,为书籍增添情趣,吸引读者阅读兴趣。

　　◆ 艺术性原则:利用精巧的计算与独特的创意,使书籍具有独立的审美价值。

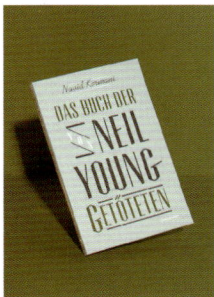

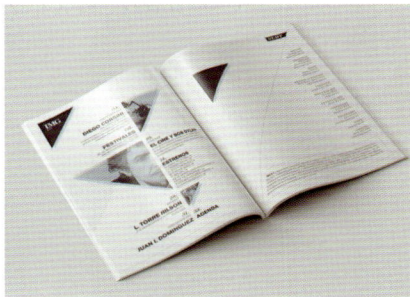

1.5.1 实用性原则

书籍是一切文明的起源，是人类记录知识、保存知识、表达思想、交流沟通、积累经验与传播知识的主要工具，是一切信息文明传播的载体。而随着时代的变迁，书籍的种类层出不穷，因此，在进行书籍装帧设计时，其装帧形式、版式设计与色彩搭配等设计方面都应考虑不同层次、不同文化背景、不同年龄、不同职业读者的需求，使其起到引导读者并提升读者阅读兴趣的作用。如少儿类书籍，除了要保持书籍色彩的纯净、明快，图形的简易、可爱，还要在设计过程中遵循儿童的心理、生理和审美需求，再进行创作设计，使书籍与受众之间产生互动，且更立体、更实用。

1.5.2 商业性原则

随着商品经济的快速发展，出版行业已经成为商品经济中不可或缺的重要组成部分。而在书籍装帧设计中，书籍不仅是记录知识、保存知识、表达思想、交流沟通、积累文化、传播知识的主要途径，更是一种文化商品。在书籍的流通过程中，书籍装帧设计起着主导性作用，它的好坏与品位的高低可直接决定着书籍在读者心中的位置。同时，一个优秀的书籍装帧设计作品还可以使读者在看到书籍的第一时间就可以通过书名、色彩、装帧形式及插图设计等方面了解到书籍的基本信息，进而快速把握书籍的核心内容，以增强读者购买欲望，提升书籍销售率。

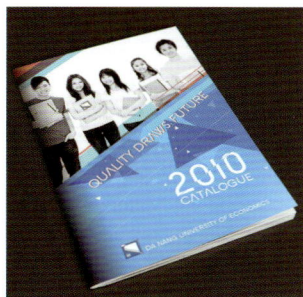

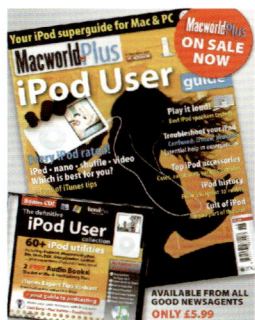

1.5.3　趣味性原则

在书籍装帧设计过程中，深刻了解书籍内容并将其形式设计建立在内容的基础上，是装帧设计的良好开端。而一个优秀的书籍装帧设计作品，不仅要注重内容与形式上的统一，同时也要注重设计的创新性与趣味性，因此，在设计过程中，设计师需勇于探索与以往不同的兼有功能性与趣味性的设计方式，灵活运用文字排版、色彩搭配与图形设计，使书籍装帧设计达到大众审美水平，并升华书籍内容，给读者带来真切实际的创新感与极具趣味性的视觉体验。

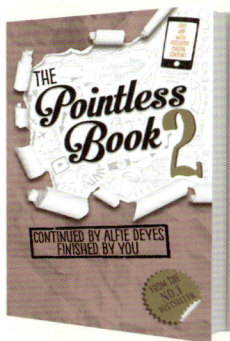

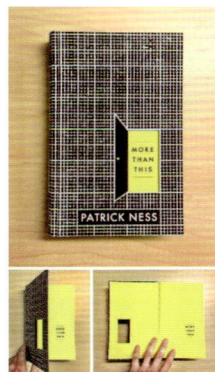

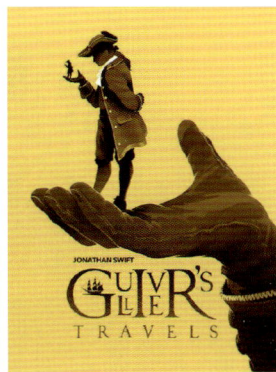

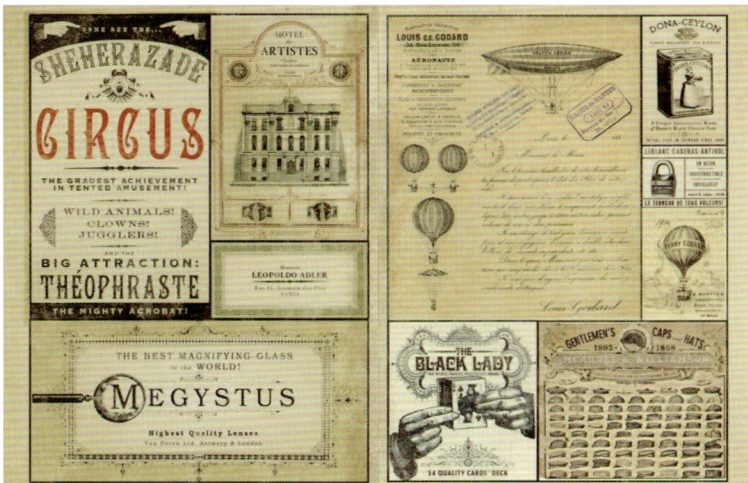

1.5.4 艺术性原则

　　书籍装帧设计是书籍造型艺术的特殊表达形式，因此，书籍装帧设计应具有独立且独特的艺术审美价值。而书籍装帧设计的艺术性原则，要求书籍在装帧设计过程中，要通过书籍的内容、性质与类型，充分体现书籍装帧设计的艺术性与独特性的同时，还要具有一定的时代气息、民族特色与艺术风格，进而充分发挥艺术性原则的联想性，给人以第一时间的艺术联想，由此及彼、由表及里，使读者对书籍产生好奇心理与探索心理，给读者以美感与艺术并存的视觉享受。

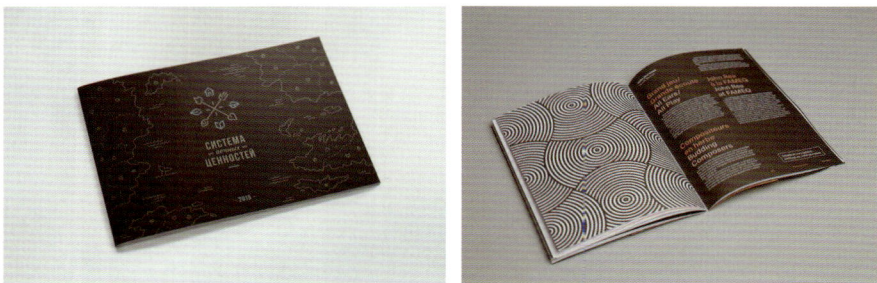

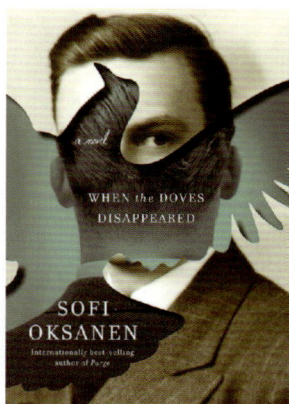

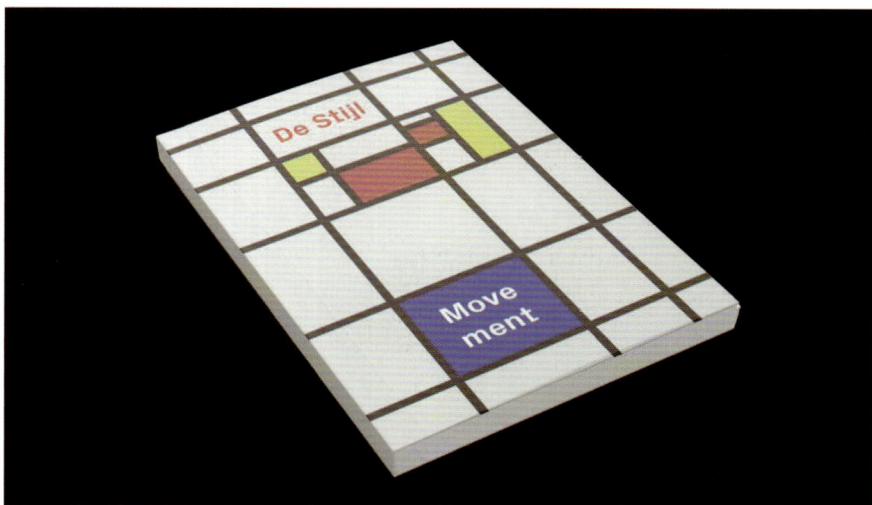

第2章 书籍装帧设计与色彩

　　书籍是对多张纸进行图文设计，并通过不同的纸张材料、装订方式装订在一起。因此书籍既是平面的，又是立体的。书籍装帧设计同样具有图形、文字及色彩这三大视觉元素，而色彩是在书籍设计元素之中得以体现的，且其视觉作用往往领先于文字和图形，是书籍整体的第一视觉印象。

　　色彩潜移默化地成为一种语言表达方式，人们可以通过色彩进行表达与沟通。而在书籍装帧设计中，色彩更是起到了主导性的作用，不仅能够强化主体、表达情感、创造意境，还可以增强书籍的形式美感，引发读者联想，产生共鸣。

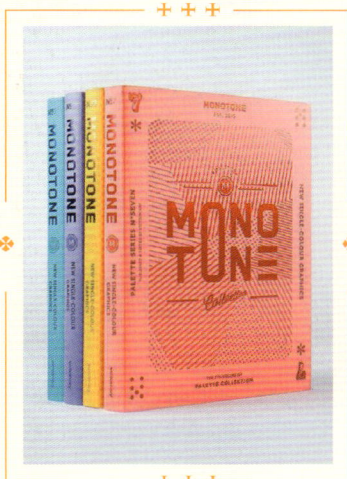

2.1 色相、明度、纯度

色彩是因光的存在而产生的，且具有三大属性，即色相、明度、纯度。

色相即色彩相貌，是色彩的首要特性，也是各种颜色的区分准则，通过色相，可以准确地表示某种色彩的名称，而即使是同一种颜色，也有着不同的色相，如红色可分为洋红、鲑红、玫瑰红、博朗底酒红等。在一般情况下，人眼可分辨出 100 余种不同的颜色。

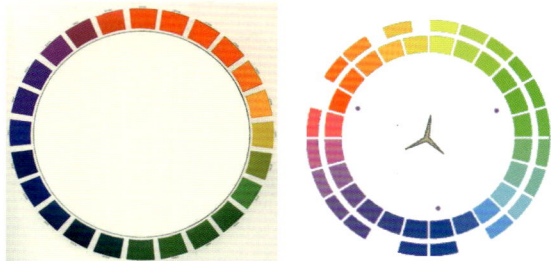

明度即色彩的明亮程度，在整个色彩体系中，白色明度最高，黑色明度最低。明度不仅可以表明物体的明暗程度，也可以表现光量反射的系数，最亮为 1，最暗为 9，并划分出三种基调：

1 ~ 3 级低明度的暗色调，沉着、厚重、忠实的感觉；

4 ~ 6 级中明度色调，安逸、柔和、高雅的感觉；

7 ~ 9 级高明度的亮色调，清新、明快、华美的感觉。

纯度即色彩的鲜艳程度，也可指色彩的饱和程度，纯度高低会影响画面整体的视觉效果，如低纯度的色彩具有舒缓、内敛、婉转的视觉特征，高纯度的色彩具有较强的视觉冲击力，而纯度过高的色彩会使画面过于扎眼而使人产生反感。纯度也可分为三个阶段：

高纯度——8 ~ 10 级为高纯度，产生强烈、鲜明、生动的感觉；

中纯度——4 ~ 7 级为中纯度，产生适当、温和的平静感觉；

低纯度——1 ~ 3 级为低纯度，产生细腻、雅致、朦胧的感觉。

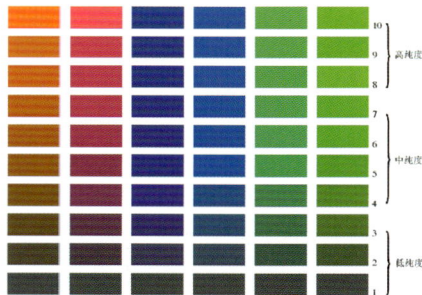

2.2 主色、辅助色、点缀色

在书籍装帧设计中，画面的色彩通常由主色、辅助色和点缀色构成。在设计过程中，要注重色彩的全局性。过于单调或过于花哨的色彩搭配会使人对其产生乏味感或反感，而巧妙、精准的配色方案不仅可以烘托相应气氛、强化主题，还可以提升书籍的整体艺术气息。

2.2.1　主色

主色即主要色彩，在画面中通常占据面积比例最大，对书籍整体的基调起着决定性的作用，是书籍装帧设计中不可或缺的视觉元素。

2.2.2　辅助色

辅助色即补充或辅助主色的陪衬色彩，服务于书籍整体色调，它可以是主色的邻近色，也可以是主色的对比色，而不同色辅助色可以影响书籍整体的设计风格与视觉效果。

2.2.3　点缀色

点缀色即点缀画面的色彩，是画面中占据面积比例最小的颜色，以主色的对比色、互补色为主，善于打破整体视觉效果，起到烘托气氛、衬托风格的作用，往往被称为点睛之笔。

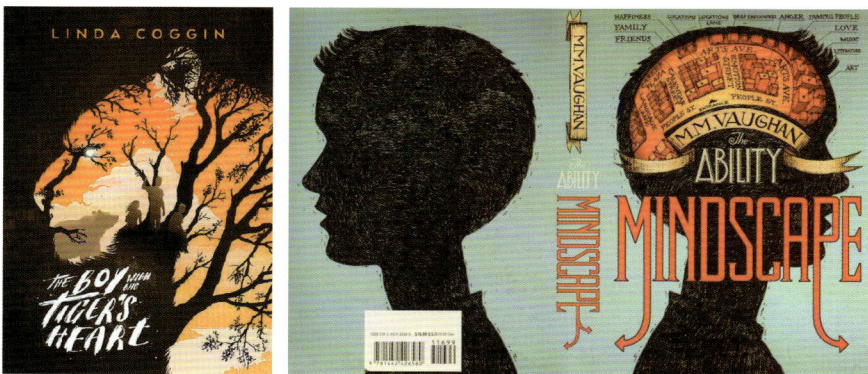

2.3 邻近色、对比色

在书籍装帧设计中，色彩方案的设计与应用通常以书籍类别、风格及定位为设计根基，并运用色彩之间的邻近关系或对比关系进行搭配设计，以达到最佳视觉效果诉求。不同色彩关系的配色方案可以使书籍产生不同的视觉效果，如邻近色的运用，可使画面整体和谐、统一，具有整体性；而对比色的运用，可以增强书籍整体的视觉冲击力与视觉感染力。

2.3.1 邻近色

邻近色即两种颜色相邻近似，通常以"你中有我，我中有你"的形式而存在。在24色环上任选一色，任何邻近的两种颜色相距均为90°，其色彩冷暖性质相同，且色彩情感相似。

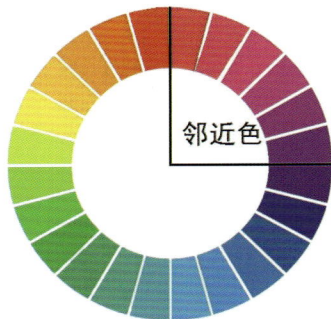

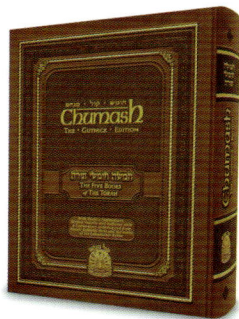

2.3.2 对比色

对比色即色相相对、区分明显的两种色彩，包括色相对比、明度对比、纯度对比、冷暖对比、补色对比等，是人的视觉感官所产生的一种生理现象，在24色环上两种颜色相距120°～180°。对比色的巧妙搭配可增强版面的视觉冲击力，同时还可以增强版面空间感。

2.4 色彩混合

色彩混合即一种色彩混入另一种色彩，进而产生第三种色彩的现象。在色彩混合中，加入的颜色越多，混合的色彩就会越暗，最终会成为黑色，而三原色的混合会产生白色。色彩的混合形式可分为加色混合、减色混合和中性混合三种。

2.4.1 加色混合

加色混合即两种或两种以上的色彩进行混合，产生一种新的颜色，且经过混合所产生的颜色的明度会有所增加。例如：红色＋绿色＝黄色、红色＋蓝色＝品红色、蓝色＋绿色＝青色、品红色＋黄色＋青色＝黑色等。

2.4.2 减色混合

减色混合即明度、纯度较低的颜色能将混入的色彩吸收掉一部分的现象。例如色彩三原色的混合，其三原色分别是品红、青和黄色，且在混合时有着下列规律：青色＋品红色＝蓝色、青色＋黄色＝绿色、品红色＋黄色＝红色、品红色＋黄色＋青色＝黑色。

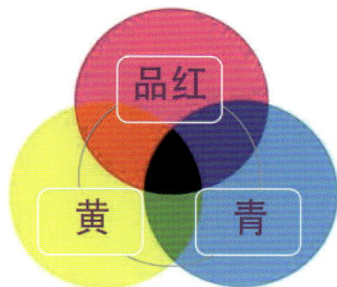

2.4.3 中性混合

中性混合是指将比例适当的互补的颜色进行混合，所得颜色为灰色的现象。主要可分为色盘旋转混合与空间视觉混合两种混合形式。

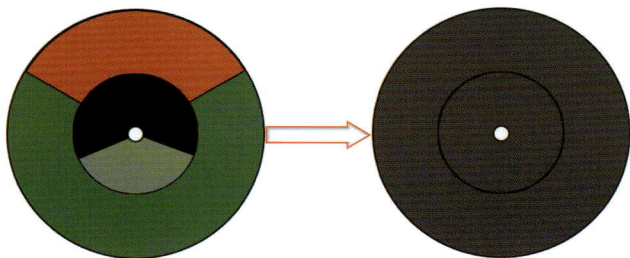

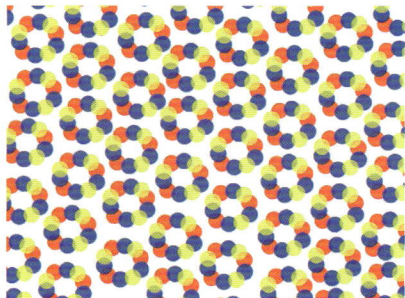

2.5 色彩与书籍装帧设计的关系

  在书籍装帧设计中，色彩是书籍的三大视觉要素之一，且色彩是最易打动读者的书籍语言，具有先声夺人的视觉效果，是书籍装帧设计第一视觉印象的直接传递。色彩是最具表现力与感染力的视觉因素，同时也具有丰富的象征意义，因此，在设计中，色彩的作用总会被发挥得淋漓尽致，而不同的色彩可以让人产生不同的生理、心理及类似物理的效应，还可以让人在无形之中产生丰富的联想。

  在进行书籍色彩搭配时，设计语言需与其内容、特性保持一致，色彩的选定取决于书籍风格、性质及定位，即什么样的书籍就应被赋以什么样的色彩，进而发挥色彩的作用，使书籍装帧赋予设计的魅力，在茫茫书海中脱颖而出。

2.6 常用色彩搭配

较为和谐的色彩搭配

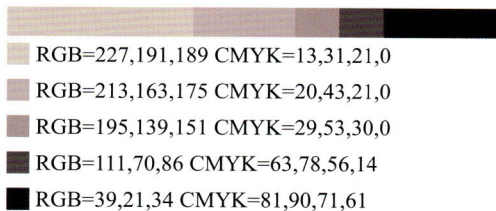

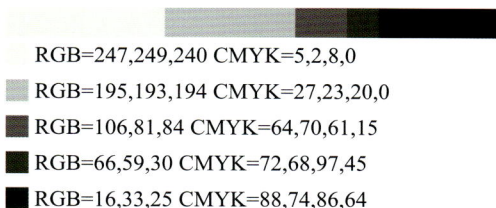

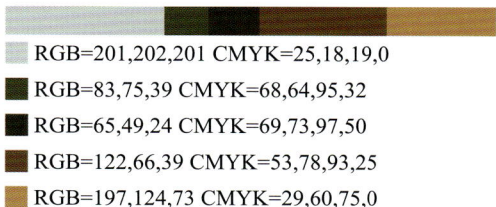

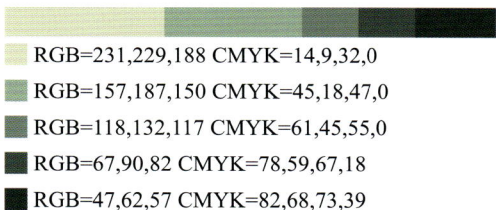

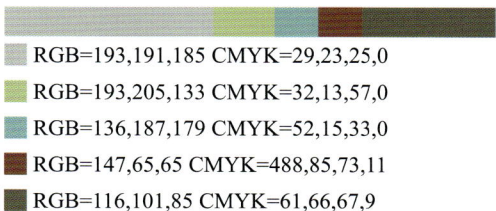

RGB=227,191,189 CMYK=13,31,21,0
RGB=213,163,175 CMYK=20,43,21,0
RGB=195,139,151 CMYK=29,53,30,0
RGB=111,70,86 CMYK=63,78,56,14
RGB=39,21,34 CMYK=81,90,71,61

RGB=247,249,240 CMYK=5,2,8,0
RGB=195,193,194 CMYK=27,23,20,0
RGB=106,81,84 CMYK=64,70,61,15
RGB=66,59,30 CMYK=72,68,97,45
RGB=16,33,25 CMYK=88,74,86,64

RGB=201,202,201 CMYK=25,18,19,0
RGB=83,75,39 CMYK=68,64,95,32
RGB=65,49,24 CMYK=69,73,97,50
RGB=122,66,39 CMYK=53,78,93,25
RGB=197,124,73 CMYK=29,60,75,0

RGB=231,229,188 CMYK=14,9,32,0
RGB=157,187,150 CMYK=45,18,47,0
RGB=118,132,117 CMYK=61,45,55,0
RGB=67,90,82 CMYK=78,59,67,18
RGB=47,62,57 CMYK=82,68,73,39

RGB=193,191,185 CMYK=29,23,25,0
RGB=193,205,133 CMYK=32,13,57,0
RGB=136,187,179 CMYK=52,15,33,0
RGB=147,65,65 CMYK=488,85,73,11
RGB=116,101,85 CMYK=61,66,67,9

较为冲突的色彩搭配

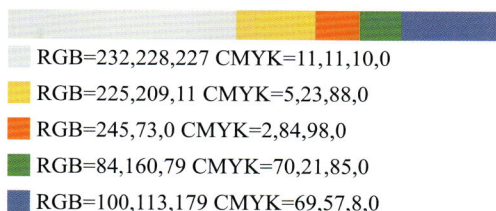

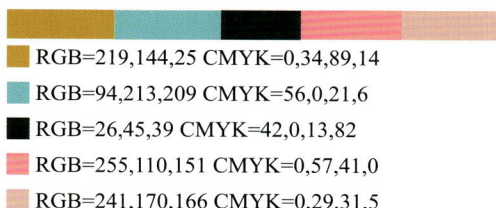

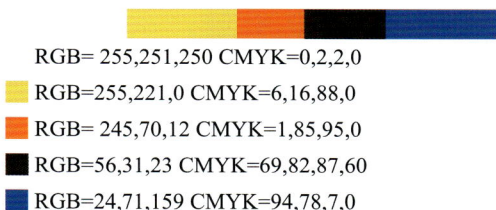

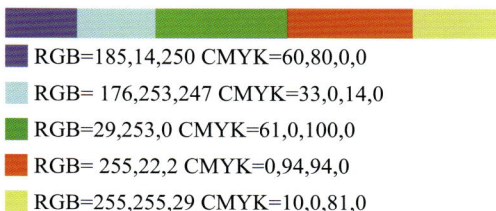

RGB=232,228,227 CMYK=11,11,10,0
RGB=225,209,11 CMYK=5,23,88,0
RGB=245,73,0 CMYK=2,84,98,0
RGB=84,160,79 CMYK=70,21,85,0
RGB=100,113,179 CMYK=69,57,8,0

RGB=219,144,25 CMYK=0,34,89,14
RGB=94,213,209 CMYK=56,0,21,6
RGB=26,45,39 CMYK=42,0,13,82
RGB=255,110,151 CMYK=0,57,41,0
RGB=241,170,166 CMYK=0,29,31,5

RGB=255,229,0 CMYK=7,11,87,0
RGB=81,255,0 CMYK=57,0,100,0
RGB=255,0,0 CMYK=0,96,95,0
RGB=0,60,255 CMYK=89,69,0,0
RGB=0,255,170 CMYK=58,0,53,0

RGB= 255,251,250 CMYK=0,2,2,0
RGB= 255,221,0 CMYK=6,16,88,0
RGB= 245,70,12 CMYK=1,85,95,0
RGB= 56,31,23 CMYK=69,82,87,60
RGB= 24,71,159 CMYK=94,78,7,0

RGB=185,14,250 CMYK=60,80,0,0
RGB= 176,253,247 CMYK=33,0,14,0
RGB= 29,253,0 CMYK=61,0,100,0
RGB= 255,22,2 CMYK=0,94,94,0
RGB=255,255,29 CMYK=10,0,81,0

第3章 书籍装帧的基础色

红 / 橙 / 黄 / 绿 / 青 / 蓝 / 紫 / 黑、白、灰

　　书籍装帧即书籍在生产过程中的整体造型设计与编排设计工作，是书籍造型设计的总称。其涉及范围包括纸张、封面、材料、确定开本、插图、字体、字号、设计版式、装订方法，以及印刷和制作方法等。书籍装帧的主体设计具有三大要素，即封面、扉页和插图设计。

　　书籍装帧的基础色可分为：红、橙、黄、绿、青、蓝、紫、黑、白、灰。色彩具备着特定的情感属性，因此，色彩的视觉特征对于书籍装帧的设计传达概念、信息、思想、情感等内容的作用也是不言而喻的。

◆ 利用色彩的视觉特征使书籍装帧版面形象更加夺目，意图更为清晰且更具说服力。

◆ 色彩能够对人的视觉心理具有一定的影响力，且其影响力具有较为社会性的象征。

◆ 书籍的色彩设计是书籍整体内容新颖、可靠、丰富的视觉感受的传达手段。

◆ 通过控制色彩的重、轻、强、弱、绚烂与简明，传达出书籍整体的视觉语言，或浪漫、或清新、或环保、或理性、或严谨、或紧张、或舒缓等。

3.1 红

3.1.1 认识红色

红色：是光的三原色之一，能和绿色、蓝色混合叠加出更丰富的色彩。在色彩体系中，红色无论与什么颜色一起搭配，都是非常吸引眼球的颜色。同时也代表着积极乐观的心情与态度、波动强烈的情绪、真诚主动的性格，以及富有感染力的情感体现等。

色彩情感：吉祥、喜庆、积极、乐观、活泼、疯狂、热烈、奔放、激情、革命、斗志、血性等。

洋红 RGB=207,0,112 CMYK=24,98,29,0	胭脂红 RGB=215,0,64 CMYK=19,100,69,0	玫瑰红 RGB= 30,28,100 CMYK=11,94,40,0	朱红 RGB=233,71,41 CMYK=9,85,86,0
鲜红 RGB=216,0,15 CMYK=19,100,100,0	山茶红 RGB=220,91,111 CMYK=17,77,43,0	浅玫瑰红 RGB=238,134,154 CMYK=8,60,24,0	火鹤红 RGB=245,178,178 CMYK=4,41,22,0
鲑红 RGB=242,155,135 CMYK=5,51,41,0	壳黄红 RGB=248,198,181 CMYK=3,31,26,0	浅粉红 RGB=252,229,223 CMYK=1,15,11,0	博朗底酒红 RGB=102,25,45 CMYK=56,98,75,37
威尼斯红 RGB=200,8,21 CMYK=28,100,100,0	宝石红 RGB=200,8,82 CMYK=28,100,54,0	灰玫红 RGB=194,115,127 CMYK=30,65,39,0	优品紫红 RGB=225,152,192 CMYK=14,51,5,0

3.1.2　洋红 & 胭脂红

❶ 该版面是 Digit 时尚杂志的内页设计。运用矩形的分割特征，将版面空间进行有规律的分割设计，形成了较强的秩序感。

❷ 版面以洋红色为背景色，烘托了版面的整体氛围，洋红的纯度相对较高，给人以优雅、高贵的视觉感受。

❸ 版面图文并茂，图片与文字相辅相成，均衡、合理，生动活泼的色彩搭配与丰富的细节，给人以饱满的视觉印象。

❶ 该版面是意大利某经济杂志的封面设计作品。版面运用面的空间分割使书籍封面分割为三部分，增强了画面的视觉冲击力，突出了整体的设计中心思想。

❷ 胭脂红是一种优雅而又正式的颜色，给人一种肃然的视觉感受。

❸ 运用黑、白、灰三大色块的明度对比，增强了版面的层次感，文字在灰白色位置，使主题更为明确，画面感更加强烈。

3.1.3　玫瑰红 & 朱红

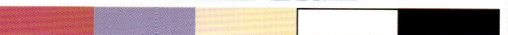

❶ 该版面是美国版时尚杂志的封面设计作品，是女性时尚方面的杂志。封面运用自由式构图，以人物形象为封面主体，文字说明详细，使版面层次分明。

❷ 封面以玫瑰红为背景色，玫瑰红是女性的代表色，是一种体现女性娇柔妩媚的颜色。

❸ 整体色调和谐统一，文字的编排设计均衡、沉稳，给人以舒适、和谐的视觉感受。

❶ 该版面是小说《狼之时刻》的封面设计，是一个诡异的故事。版面运用线的空间分割特点，使版面线框感十足。

❷ 朱红是介于红与橙之间的颜色，且与血色较为接近，给人以神秘、血性的视觉感受。

❸ 版面文字与线的编排，具有较强的设计感，使封面设计达到了形式与内容相统一的艺术境界。

3.1.4 鲜红 & 山茶红

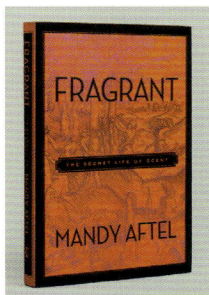

① 这是关于香水的秘密的书籍装帧设计作品。版面以大面积的红色为背景色，以线性插图充满版面，形成了丰富饱满的美感。

② 高纯度的鲜红具有较强的视觉冲击力，总能给人以高贵、优雅气质的视觉感。

③ 封面运用黑色与红色搭配，增强了版面的视觉张力，黑色的线框增强了画面的沉稳感，避免了鲜红色过于刺眼。

① 该版面为美国时尚杂志的封面设计。封面以人为版面重心，左右两端的文字编排均衡、合理，给人以平稳的视觉感受。

② 山茶红的纯度与明度相对适中，比鲜红更为舒缓，有着温和的视觉特征。

③ 黄色的点缀增添了版面的活力感，且文字大小、粗细形成对比，使画面整体形成了较强的空间感与层次感。

3.1.5 浅玫瑰红 & 火鹤红

① 该版面为某书籍的内页设计，内容以画廊艺术为主。画面极为简约，以泼墨的手法装点画面，使画面形成简约而不简单的视觉感受。

② 浅玫瑰红纯度、明度适中，可以给人一种俏皮、可爱、温婉的感觉。

③ 该内页利用书籍装订线使其形成左右分割式构图，左图右文均衡了画面的同时，强化了整体的形式感与艺术感。

① 这是花花公子的相关书籍装帧设计作品。以渐变色山丘、高楼为主体，文字位于封面上端，使画面整体既和谐又不失高端气质。

② 火鹤红是一种纯度相对较低的颜色，给人以温和、平稳又高端的感觉。

③ 封面运用重复与叠压，使版面在无形之中产生了较强的节奏感与韵律感，渐变色的运用，增强了版面的空间感与立体感。

3.1.6 鲑红 & 壳黄红

① 该版面为冒险类小说《恐怖的高地》的封面设计。

② 鲑红在红色系中属于低纯度的一种颜色，给人一种既温和又柔美的感觉，但与色相强烈的色彩搭配，会产生更为激烈的视觉效果。

③ 封面中的红色与黑色字体的相互搭配，增强了封面的视觉冲击力的同时，也强化了整体的主题氛围。

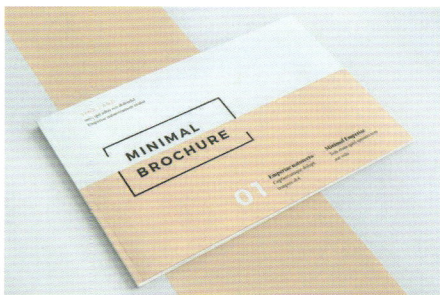

① 该作品为某精装特价房的小尺寸 Minimal 介绍手册设计，封面运用分割式构图，给人以简洁、清晰的视觉感受。

② 壳黄红与鲑红色相似，但其色彩更为柔软，给人的感觉更温和、舒适。

③ 巧妙地运用了黄金分割比例对版面进行了分割，黑色文字的融入，贯穿整个版面，形成了既理性又柔美的视觉效果。

3.1.7 浅粉红 & 博朗底酒红

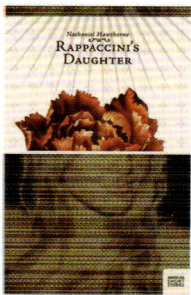

① 该版面是小说《拉帕奇尼的女儿》的封面设计作品，是一篇灵异怪谈类小说。

② 浅粉红色明度相对较高，纯度相对较低，给人一种柔和、温婉的感觉。

③ 封面中花朵与人物的结合，增强了版面的灵异感，进而衬托了版面主题。柔美色彩与故事情节相互矛盾，更加强化了书籍内容的美感与神秘感。

① 该书籍装帧作品运用麻布质感做书籍封面，且运用单色图片与文字解说作为书籍前后重心点，给人以强烈的复古感。

② 博朗底酒红明度相对较低，一种红酒的颜色，给人以魅惑、神秘的视觉感受。

③ 单色图片的置入使版面艺术感十足，色彩与元素相统一，使书籍前后呼应；运用矩形进行空间分割，产生完整、和谐的美感。

3.1.8　威尼斯红 & 宝石红

1. 这是图书《相信我，公关已死》的封面设计，是罗伯特·菲利普斯花了 25 年的时间在公关行业钻研的产物。
2. 威尼斯红与鲜红的颜色较为接近，给人一种残酷、血性的冲动感。
3. 封面中文字被红色色块抹去，给人一种近似死亡边缘的窒息感，与书籍内容相呼应，起到了强化主题的作用。

1. 该版面是某时尚杂志的封面设计，其内容均为平价商品。封面以年轻女性为主体，直击主题，给人以明确、醒目的视觉感受。
2. 宝石红纯度相对较高，相对更青春、活泼，可以给人一种既年轻又时尚的感觉。
3. 封面整体色调统一，且色彩层次丰富，进而增强了整体的视觉感。

3.1.9　灰玫红 & 优品紫红

1. 该版面是芝加哥分会年度会议画册的设计作品。在设计中，运用骨骼型构图，给人以整洁、理性的视觉感受。
2. 灰玫红属于偏灰的颜色，纯度很低，有着沉稳的视觉感受。
3. 画册设计黄色色块上下呼应，分割整齐，且黄色与灰玫红相搭配，使作品整体既沉稳又不失活力。

1. 该版面为某书籍的内页设计，页面中左右合为一体，色彩的运用简单明了，给人焕然一新的视觉感受。
2. 优品紫红是介于红与紫之间的颜色，它同时拥有紫色的神秘、高雅与红色的魅惑。
3. 页面右侧暗藏玄机，隐隐约约的矩形图片增强了整体的神秘感，且间隔相同，增强了页面的节奏感。

3.2 橙色

3.2.1 认识橙色

橙色：橙色是暖色系中比较活泼的色彩，是介于红色和黄色之间的一种颜色，最鲜明的橙色也是暖色系中最为温暖的颜色。有着火与光的特性，能给人以温暖、舒心等感觉，且基本上属于心理色。橙色是硕果的颜色，是代表秋天的颜色，能够给人以丰收般喜悦的心情，同时也能给人落叶般的凄凉。

色彩情感：耀眼、温暖、明亮、健康、欢乐、活泼、朝气、丰收、喜悦、凄凉、神秘、辉煌、高雅、尊贵、华丽等。

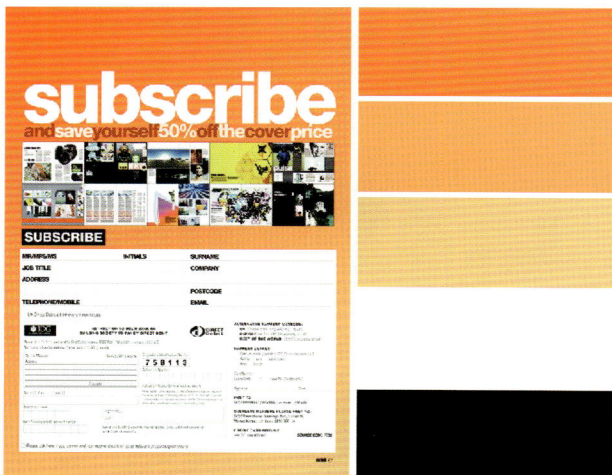

橘色 RGB=235,97,3 CMYK=9,75,98,0	柿子橙 RGB=237,108,61 CMYK=7,71,75,0	橙色 RGB=235,85,32 CMYK=8,80,90,0	阳橙 RGB=242,141,0 CMYK=6,56,94,0
橘红 RGB=238,114,0 CMYK=7,68,97,0	热带橙 RGB=242,142,56 CMYK=6,56,80,0	橙黄 RGB=255,165,1 CMYK=0,46,91,0	杏黄 RGB=229,169,107 CMYK=14,41,60,0
米色 RGB=228,204,169 CMYK=14,23,36,0	驼色 RGB=181,133,84 CMYK=37,53,71,0	琥珀色 RGB=203,106,37 CMYK=26,69,93,0	咖啡 RGB=106,75,32 CMYK=59,69,98,28
蜂蜜色 RGB=250,194,112 CMYK=4,31,60,0	沙棕色 RGB=244,164,96 CMYK=5,46,64,0	巧克力色 RGB=85,37,0 CMYK=60,84,100,49	重褐色 RGB=139,69,19 CMYK=49,79,100,18

3.2.2 橘色 & 柿子橙

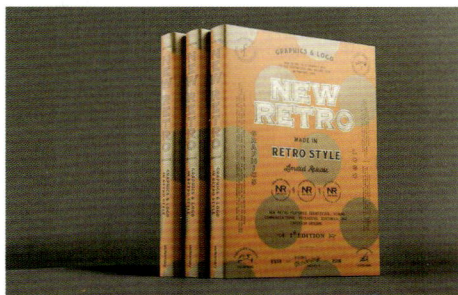

❶ 这是企鹅图书《1984》的封面设计，是乔治·奥威尔的反乌托邦名著。

❷ 橘色纯度相对适中，给人一种激昂、斗志的感觉。

❸ 该封面在设计中运用了分割式构图，画面理性、均衡，给人一种正式、威严的视觉感受。

❶ 该作品为《新怀旧：图形车标与复古设计》的装帧设计，主要讲述设计灵感及激发旧情怀的能力。

❷ 相对橘色，柿子橙中的红色多一些，且明度相对较低，给人一种温和、舒适的视觉感受。

❸ 封面中以柿子橙为主体色，以复古的驼色为点缀色，呼应书籍主题，强化了怀旧氛围。

3.2.3 橙色 & 阳橙

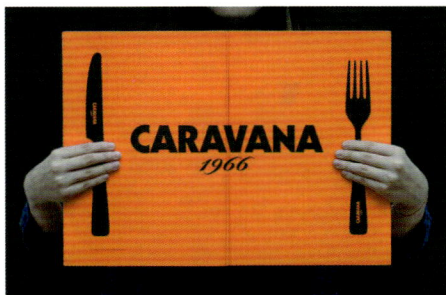

❶ 这是 Caravana1966 餐厅别致精细的菜单设计作品。

❷ 橙色的纯度相对较高，具有较强的视觉冲击力，可以传达出欢快、活力的感觉。

❸ 封面巧妙运用了对称式构图，并结合了用餐工具的摆放形式，将其主题体现得淋漓尽致，同时也赋有较强的艺术气息。

❶ 这是企鹅图书 Galaxy 系列科幻类图书的封面设计作品。

❷ 阳橙颜色偏柔和，是充满活力的颜色，有充满生机的、理性的视觉特征。

❸ 封面以阳橙色为背景色，以大量文字为封面主体，其文字大小形成鲜明对比，进而增强了版面的层次感。

3.2.4　橘红 & 热带橙

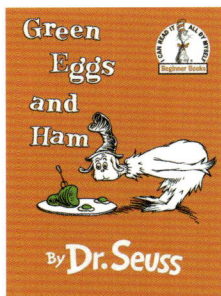

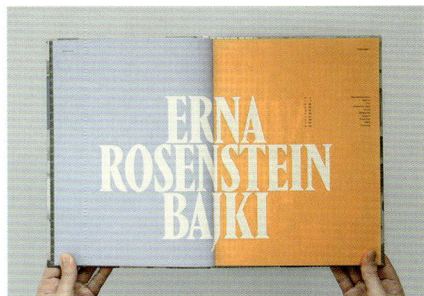

❶ 该作品为儿童故事绘本《绿鸡蛋和火腿》的封面设计，主要讲述的是容易引起孩子共鸣的熟悉话题——要不要尝试新食物的故事。

❷ 橘红色是介于红色与黄色之间的颜色，具有红色的激烈，也具有黄色的活泼。

❸ 封面中视觉元素均运用描边效果，增强版面主题文字视觉感染力，给人以鲜明、醒目的视觉感受。

❶ 这是 Bajki 扁平风格画册设计作品。手册以视觉艺术为主要内容。

❷ 热带橙与橘红相比，纯度要弱得多，且比橘红更为融合，给人以舒适、和谐、畅快的视觉心理。

❸ 该作品在设计中，采用了对称式构图，使版面均衡、平稳，对比色的运用增强了整体的视觉感染力。

3.2.5　橙黄 & 杏黄

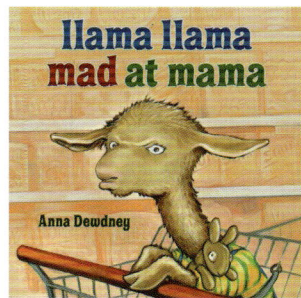

❶ 该作品为 *LogoLogy2* 两的装帧设计，书籍主要内容包括标志、符号、图标等相关知识。

❷ 橙黄色色彩鲜明，但不刺眼，总能给人留下轻快、愉悦的视觉印象。

❸ 封面以橙黄为主体色，黑色文字的运用使书籍整体更加沉稳，避免了颜色过于鲜艳而导致的视觉疲劳。

❶ 这是绘本《羊驼拉玛生妈妈的气》的封面设计作品，主要讲的是妈妈拉着拉玛逛商场所发生的故事。

❷ 杏黄的色彩较为柔和，具有温和而又活泼的孩童性格，总能给人一种舒心、温暖的感觉。

❸ 封面的色彩搭配与主题内容相统一，并运用色彩三原色进行文字编排，不仅增强了整体的视觉冲击力，还强化了主题文字内容。

3.2.6 米色 & 驼色

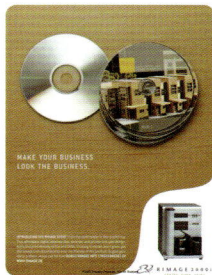

❶ 这是某书籍的装帧设计作品。整体风格协和统一，以文字信息贯穿全文，形成完整、和谐的美感。

❷ 米色的纯度相对较低，明度适中，具有怀旧、复古的视觉特征。

❸ 艺术字体与整体色调相辅相成，使封面形式与内容高度统一，使封面产生了浓厚的艺术气息。

❶ 这是 Gigit 设计杂志的内页设计作品，页面内容为世界最大的光盘打印刻录设备上市公司的商品介绍。

❷ 驼色的纯度很低，给人一种复古而又成熟沉稳的视觉感受。

❸ 版面运用分割式构图，以白色为底色，衬托右下角的产品展示，以驼色为主体色，烘托整体艺术氛围。

3.2.7 琥珀色 & 咖啡

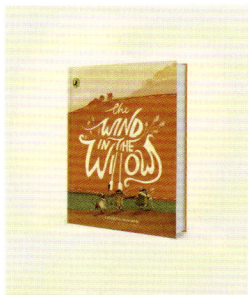

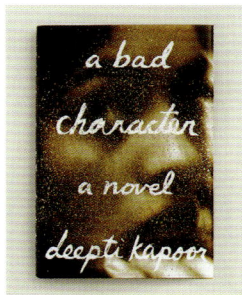

❶ 这是故事书《柳林风声》的装帧设计作品，该书的主要内容为以动物为主人公的童话故事。

❷ 低纯度的琥珀色柔和、温暖，同时具有孩童般天真烂漫的特征。

❸ 封面以大面积的琥珀色为主色，艺术字体色彩明快，整体色调统一和谐，烘托了书籍整体的温馨氛围。

❶ 这是现代小说《一个坏性格》的封面设计作品，该书为充满活力、热情但又黑暗的短篇小说。

❷ 咖啡色明度较低，有着复古怀旧的浪漫气息，同时也具有让人恐惧的深邃感。

❸ 封面以咖啡色为主色调，满版的人物形象增强了版面的视觉冲击力，白色文字的叠加巧妙、和谐，增强了版面的层次感。

3.2.8 蜂蜜色 & 沙棕色

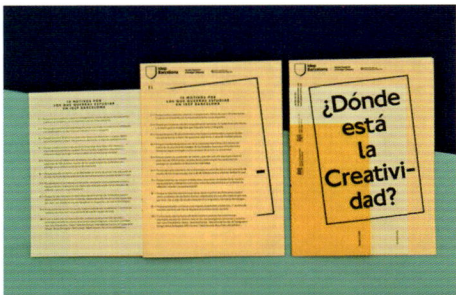

① 这是西班牙 Querida 视觉画册的设计作品。

② 蜂蜜色的饱和度相对较高，因此给人一种很强的视觉效果。

③ 在设计中，巧妙运用线与面的空间分割特点，使版面层次分明；且线框倾斜摆放，与明快的蜂蜜色相搭配，给人以既舒适柔和又充满活力的视觉感受。

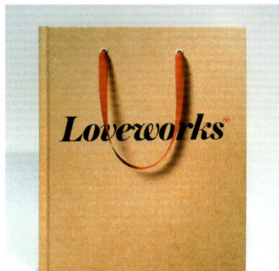

① 该作品为书籍 Loveworks 的封面设计，主要讲述了世界顶尖的销售人员如何处理情感关系。

② 沙棕色色彩明快、温暖，给人以正式但不失活力的热情感与竞争感。

③ 书籍的设计具有较强的风格化与个性化，提袋的绳装给人以眼前一亮的视觉感受，运用新颖的创意牢牢地吸引了观者的阅读兴趣。

3.2.9 巧克力色 & 重褐色

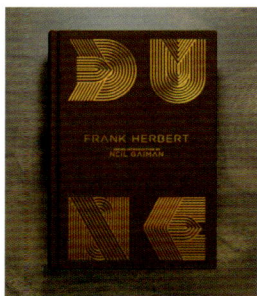

① 该作品为著名作家弗兰克·赫伯特的科幻类小说的书籍封面设计。

② 每当提到巧克力色，就会让人不自觉想到巧克力，其色彩具有巧克力的浪漫，同时也具有独特的科幻视觉。

③ 封面以线的重复聚集形成主体文字，使其在不经意间产生了较强的节奏感，且文字位于封面四角，形成了稳重、均衡的视觉感受。

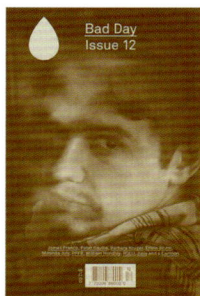

① 该版面为杂志《糟糕的一天》的装帧设计作品，是多伦多一年两次的跨文化访谈杂志创刊。

② 重褐色的纯度、明度均相对较低，因此其复古气息极其浓厚。

③ 作品运用满版式构图，其文字分别置于版面上下两端，进行文字说明的同时也均衡了版面重心视觉。

3.3.1 认识黄色

　　黄色：黄色色彩较为鲜明，与紫色为互补色。黄色也是心理学基色之一，代表朝阳、财富、荣华富贵，总能给人以轻快、活泼、充满希望与活力的感觉。黄色的性格冷漠，也具有高贵、不安、敏感、冷漠的视觉感受，是介于绿色与橙色之间的一种色彩，类似熟透的柠檬或太阳的颜色。

　　色彩情感：欢快、活力、纯净、朝气、年轻、明亮、温暖、灿烂、希望、耀眼、端庄、典雅尊贵、辉煌、财富、奢华、娇嫩、高贵、冷漠、不安、敏感等。

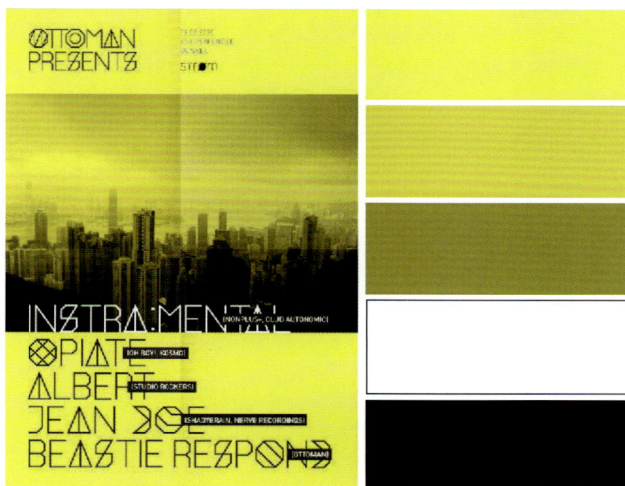

黄 RGB=255,255,0 CMYK=10,0,83,0	铬黄 RGB=253,208,0 CMYK=6,23,89,0	金 RGB=255,215,0 CMYK=5,19,88,0	香蕉黄 RGB=255,235,85 CMYK=6,8,72,0
鲜黄 RGB=255,234,0 CMYK=7,7,87,0	月光黄 RGB=155,244,99 CMYK=7,2,68,0	柠檬黄 RGB=240,255,0 CMYK=17,0,84,0	万寿菊黄 RGB=247,171,0 CMYK=5,42,92,0
香槟黄 RGB=255,248,177 CMYK=4,3,40,0	奶黄 RGB=255,234,180 CMYK=2,11,35,0	土著黄 RGB=186,168,52 CMYK=36,33,89,0	黄褐 RGB=196,143,0 CMYK=31,48,100,0
卡其黄 RGB=176,136,39 CMYK=40,50,96,0	含羞草黄 RGB=237,212,67 CMYK=14,18,79,0	芥末黄 RGB=214,197,96 CMYK=23,22,70,0	灰菊色 RGB=227,220,161 CMYK=16,12,44,0

3.3.2 黄 & 铬黄

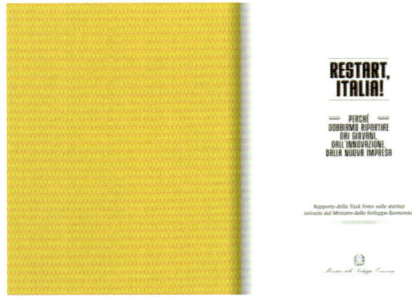

❶ 这是匈牙利工作室 Zwoelf 的画册内页设计作品，其页面左右相互呼应，用色连贯，给人完整、和谐的美感。

❷ 黄色是阳光且理性的颜色，给人一种既明快又畅快的感觉。

❸ 以大面积的黄色为主色调，标识均位于页面重心点，页面左右均衡，相互呼应，使之形成一目了然的视觉点。

❶ 这是意大利报告的手册内页设计作品。简洁大方的配色使手册产生了较强的设计感。

❷ 铬黄的纯度和明度都相对较低，是一种闲适的色彩，也是极具个性的颜色。

❸ 左页以铬黄色填满整个版面，右页以白色为背景色，黑色为文字颜色，形成了较为艺术的视觉效果。

3.3.3 金 & 香蕉黄

❶ 这是书籍 *HINAULT* 的装帧设计作品，主要讲述的是关于伯纳德·伊诺的故事。

❷ 金色是一种辉煌的光泽色，给人以正式、知识的视觉效果。

❸ 金色的装帧设计具有眼前一亮的视觉效果，简洁的黑色文字位于封面正中央，使版面均衡有力，给人以舒适、干净的视觉感受。

❶ 这是美国时尚杂志的封面设计作品。设计中，运用黄金比例对版面进行用分割，使封面产生和谐、稳定的美感。

❷ 香蕉黄相对来说是一种比较沉稳的黄色，给人一种华丽、高雅的视觉感受。

❸ 封面以黄色为主色调，蓝色为点缀色，对比色的运用提升了画面整体的视觉美感。

3.3.4 鲜黄 & 月光黄

1. 这是拉斐尔·鲁索的品牌形象设计作品，巧妙运用重复的视觉流程增强了封面节奏感。
2. 鲜黄纯度高，看起来十分鲜艳、醒目，给人以活力、年轻、创新的感觉。
3. 极简化的黑色剪影沉稳了整个画面，避免了鲜黄色的过于鲜艳而导致的视觉疲劳。

1. 这是关于如何处理创新的杂志内页设计作品。
2. 月光黄纯度较低，明度较高，给人一种柔和平稳的感觉。
3. 页面运用了骨骼型构图，给人以规整、理性的视觉感受，图文并茂的编排设计，使版面视觉效果更为活泼。

3.3.5 柠檬黄 & 万寿菊黄

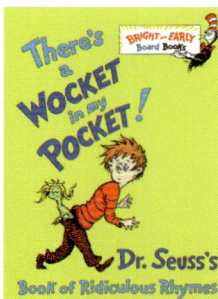

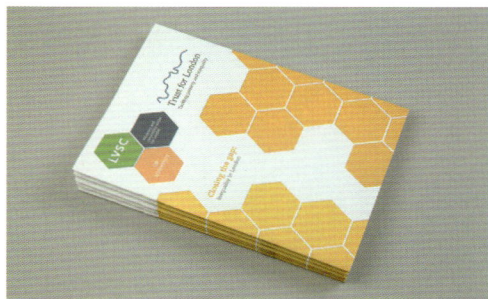

1. 这是儿童故事绘本《苏斯博士：口袋里的毛怪》的封面设计作品。
2. 柠檬黄的颜色偏少许绿色，给人以鲜艳、朝气、活力的感觉。
3. 文字的编排运用了倾斜的视觉流程，使版面充满动感与活力，贴合书籍主题方向，且色彩搭配明快，增强了版面的视觉定位感。

1. 这是拉斯维加斯金沙集团的有关社区与社会企业的宣传画册设计作品。
2. 万寿菊黄颜色自然、随和，总能给人以踏实的视觉感受。
3. 版面运用重复的视觉流程，将六边形进行拼接编排，使之形成了较为强烈的节奏感。色彩三原色的运用极其巧妙，具有画龙点睛的作用。

3.3.6 香槟黄 & 奶黄

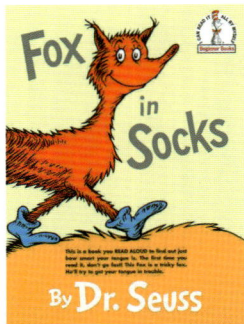

❶ 该作品为《穿袜子的狐狸》的封面设计，其内容幽默风趣，是适合儿童的故事绘本。
❷ 香槟黄色彩较为明快，给人以温和、典雅、恬静、舒适的感觉。
❸ 柔和的色彩背景，使封面主题图案更为清晰、明确，三原色的巧妙运用，大大提升了版面的视觉冲击力。

❶ 该版面为某时尚杂志的封面设计作品。奶黄色的背景，烘托了封面整体的高雅气质。
❷ 奶黄色明度较高，给人一种典雅、端庄、时尚的感觉。
❸ 满版式的构图丰富饱满，文字的编排井然有序、主次分明，增强了版面整体的节奏感与空间感。

3.3.7 土著黄 & 黄褐

❶ 这是捷克个性书籍封面装帧设计作品。装帧主色为土著黄，辅助色为白色，侧面与封面的文字结构统一，给人以干净、完整的视觉感受。
❷ 土著黄的明度、纯度相对较低，显得温暖、平易近人，是一种使人舒适的颜色。
❸ 白色的印花铺满整个封面，增添了书籍的文艺气息。

❶ 该版面为美国版时尚化妆品类杂志的封面设计作品。
❷ 黄褐色的纯度相对较低，接近金色，给人以高端、典雅的视觉感受。
❸ 版面整体色调和谐、统一，同类色的编排增强了版面的节奏感与空间感。它抓住了人们的视觉心理，将商品图摆放在版面视觉重心点，形成了一目了然的视觉特征。

3.3.8 卡其黄 & 含羞草黄

❶ 这是 Bulletin172 十周年宣传画册内页设计作品，是关于城市公告的宣传画册。

❷ 卡其黄看起来有些像土地的颜色，其中掺有少许的黄色，给人沉稳、躁动的感觉。

❸ 左页以卡其黄填充整个版面，白色文字的搭配使其形成简洁、大方的视觉美感；右页图文并茂，给人以完整、舒适的视觉感受。

❶ 该作品为书籍《给未来的自己》的内容对页排版设计。

❷ 含羞草黄是一种舒缓的颜色，其纯度不高，总能给人留下舒适、和谐的视觉印象。

❸ 版面中图片与色块之间利用矩形的空间分割特性使页面形成"回"字形，增强了画面的层次感。

3.3.9 芥末黄 & 灰菊黄

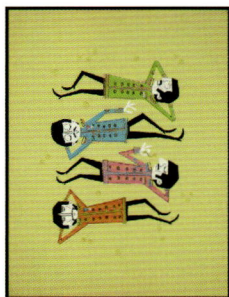

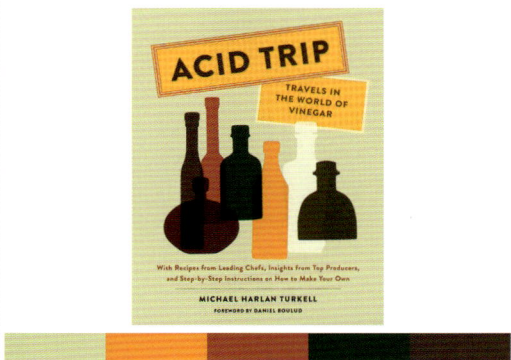

❶ 该版面为英国先锋时尚杂志的页面插图，页面简洁明了，没有多余的文字，给人以清晰醒目的视觉感受。

❷ 芥末黄中偏少许绿色，纯度较低，给人传达的视觉感受是温和、奢华。

❸ 芥末黄的背景色具有奢华的视觉感受，与杂志主题相互呼应，并运用色彩三原色进行色彩搭配，在增强版面的视觉冲击力的同时，整体艺术感十足。

❶ 该版面为书籍《酸的旅行》封面，主要讲述了迈克尔·哈伦带领读者在醋的世界中一次奇妙的旅程。

❷ 灰菊黄的纯度相对较低，具有柔和、舒心的视觉特征。

❸ 扁平化的风格增添了画面的趣味性，相互叠压产生第三种色彩，使画面整体形式感与内容相统一，达到了艺术美的视觉要求。

3.4 绿

3.4.1 认识绿色

绿色：绿色是自然界中最常见的颜色，介于黄与青之间，是黄与青的调和色，不同比例的黄和青可以调和出很多种绿色，如黄绿、苹果绿、墨绿、叶绿等。绿色是花草树木的颜色，因此绿色的版面通常给人环保、安全、健康、原生态的视觉感受。绿色是一个非常灵活的色彩，新鲜的绿色可以代表潮流、新鲜、水嫩等，深沉的绿色可以代表平和、成熟、稳重等。

色彩情感：健康、自然、新鲜、水嫩、保护、环保、清新、清爽、水润、安全、温暖、平和、成熟、稳重、简单、潮流、冷艳、诡异、浮躁等。

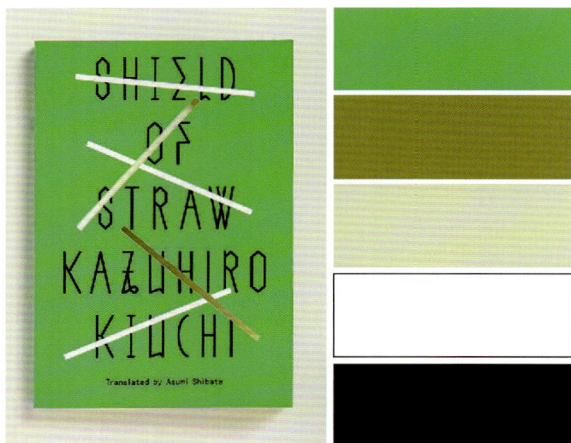

黄绿 RGB=216,230,0 CMYK=25,0,90,0	苹果绿 RGB=158,189,25 CMYK=47,14,98,0
墨绿 RGB=0,64,0 CMYK=90,61,100,44	叶绿 RGB=135,162,86 CMYK=55,28,78,0
草绿 RGB=170,196,104 CMYK=42,13,70,0	苔藓绿 RGB=136,134,55 CMYK=46,45,93,1
芥末绿 RGB=183,186,107 CMYK=36,22,66,0	橄榄绿 RGB=98,90,5 CMYK=66,60,100,22
枯叶绿 RGB=174,186,127 CMYK=39,21,57,0	碧绿 RGB=21,174,105 CMYK=75,8,75,0
绿松石绿 RGB=66,171,145 CMYK=71,15,52,0	青瓷绿 RGB=123,185,155 CMYK=56,13,47,0
孔雀石绿 RGB=0,142,87 CMYK=82,29,82,0	铬绿 RGB=0,101,80 CMYK=89,51,77,13
孔雀绿 RGB=0,128,119 CMYK=85,40,58,1	钴绿 RGB=106,189,120 CMYK=62,6,66,0

3.4.2 黄绿 & 苹果绿

❶ 该版面为 Digit 杂志内页设计，其主要内容主要与设计类相关。

❷ 黄绿充满活力，可传达出创意、朝气的感觉。

❸ 页面以黄绿色为背景色，白色的手的图片增添了页面整体的设计感与艺术感。巧妙运用红色为点缀色，对比色的搭配提高了版面整体的视觉感染力。

❶ 该页面为 Digit 杂志内页设计，主要内容为艺术与设计。

❷ 苹果绿很容易让人联想到树叶的清新、自然，同时也具有较强的设计艺术气息。

❸ 页面中分割的构图形式使整体更为理性化，图文并茂，且图片与图片之间间距相同，使之产生了较强的节奏感与韵律感。

3.4.3 墨绿 & 叶绿

❶ 该作品是有关摄影知识的书籍《摄影语言目录》的内页设计展示。

❷ 墨绿色明度相对较低，纯度较高，给人以舒适、沉稳的视觉感受。

❸ 左页整体色调为墨绿色，右页运用骨骼型对文字进行编排设计，缓解了文字的乏味性，增添了书籍的形式感与艺术氛围。

❶ 该版面为关于产品的杂志内页。该页的产品为百洛油，是一种有助于改善疤痕、萎缩纹和肤色不均等外观的专业护肤油。

❷ 叶绿是自然灵动的颜色，充满着树木的气息。

❸ 叶绿的运用增添了整体的自然气息，进而呼应产品主题，给人以放心、安全的感觉。

3.4.4 草绿 & 苔藓绿

❶ 这是美国版时尚杂志的内页设计作品。页面内容为碧柔的产品宣传广告。

❷ 草绿色明度相对较高，给人以清新、健康、新生的视觉感受。

❸ 该页面严格按照黄金比例将版面分割为两部分，形成了分割型构图，主色调为草绿色，与商品色调相辅相成，强化主题的同时，衬托了商品特征。

❶ 该作品为某书籍的装帧设计，其封面主色调为苔藓绿色，与艺术字体的搭配使其具有较强的贵族复古气息。

❷ 苔藓绿明度较低，接近海藻的颜色，给人以美容、自然的感觉。

❸ 白色的线框将文字等视觉元素规划到一个空间内，使之形成了较为理性、规整的视觉感受。

3.4.5 芥末绿 & 橄榄绿

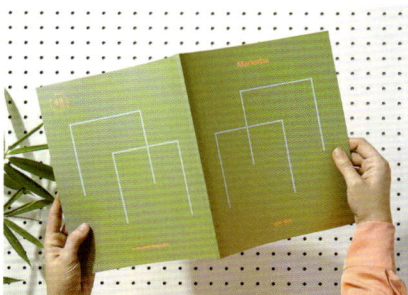

❶ 这是马内尔那清新版画册的封面设计作品。以芥末绿为主色调，温和、自然，清新感十足。

❷ 芥末绿纯度低，颜色偏灰，能够平缓人的心情。

❸ 画册装帧均衡、对称，线的装点使整体的艺术感大大提升，对比色的运用打破了画面的平静感，使画册形成既温和又活跃的视觉感受。

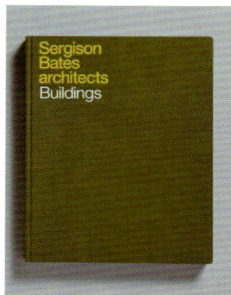

❶ 该作品为书籍《贝茨建筑事务所》的装帧设计作品，主要内容为各种建筑的评选与测评。

❷ 橄榄绿明度相对较低，会让人想到橄榄枝，象征着和平、安定，同时也具有混凝土的视觉特征。

❸ 装帧用色简洁，文字的摆放遵循了人的从左到右、从上到下的视觉流程，给人以平整、一目了然的视觉感受。

3.4.6 枯叶绿 & 碧绿

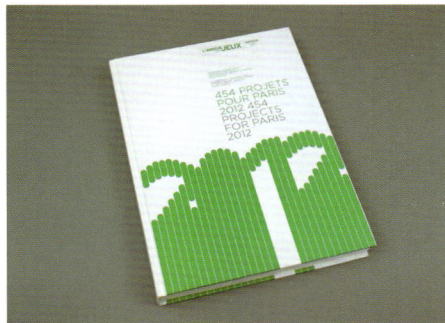

① 该版面为 Digit 杂志内页设计，此页面主要内容为加拿大 Corel 软件公司的产品推广。

② 枯叶绿纯度相对较低，色彩柔和，给人以安全、科技的感受。

③ 按照黄金分割比例对页面整体进行了空间分割，形成了和谐、舒适的美感，且以产品图片为主，给人以清晰、明确的视觉感受。

① 这是 artworklove 设计师团队的书籍装帧设计作品。

② 碧绿明度、纯度相对较高，有着明快、新鲜的视觉特征，给人以环保的视觉感受。

③ 运用线的视觉特征组成数字 2012，贴合主题的同时，巧妙地使封面形成了分割型构图，且设计感较强，白色的背景简洁大方，更好地衬托了封面主题。

3.4.7 绿松石绿 & 青瓷绿

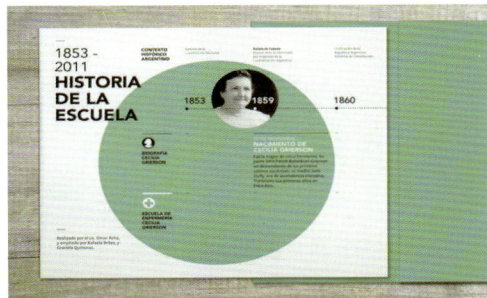

① 这是某时尚杂志的内页设计作品。巧妙运用了扁平化图案与真实的人物形象相结合，给人以强烈的层次感与视觉冲击力。

② 绿松石绿明度高，可以让人联想到音乐的自然、纯净。

③ 夸大化的数字占据页面主体位置，说明主题的同时，也增强了整体的视觉效果，给人眼前一亮的视觉感受。

① 这是有关学校历史的宣传画册设计作品。自由型的构图使画册版面形成了随心但不随便的特点。

② 青瓷绿纯度偏低，颜色中有少许的灰色调，给人一种温和、舒缓的视觉感受。

③ 充分运用面的空间分割特点，将版面元素进行分隔与规划，使版面整体更为规整，形成条理清晰的美感。

3.4.8　孔雀石绿 & 铬绿

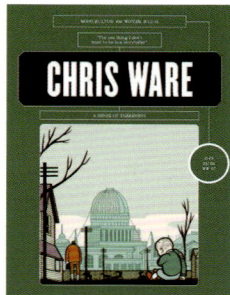

❶ 这是时装系列的杂志装帧设计，是《您好时装》2012 年春／夏系列的封面设计作品。

❷ 孔雀石绿颜色艳丽，比铬绿饱满，给人趣味、庄重、高端的感觉。

❸ 运用青色与孔雀石绿的色彩和几何三角形视觉特点，强调了时装系列的美学特征，给人以时尚感与形式感相统一的视觉感受。

❶ 该版面为欧美杂志简报《形式先锋》的封面设计作品。

❷ 铬绿色色彩纯度适中，明度较低，具有较强的时尚感，同时也具有较为理性的潮流感。

❸ 封面运用线的空间分割特征及数学知识的理性感，将封面划分条理明确、清晰，给人以一目了然的感觉，且线框感十足。

3.4.9　孔雀绿 & 钴绿

❶ 这是采用贯通设计的画册封面设计作品。

❷ 孔雀绿从字面上可以知道它是孔雀羽毛的颜色，可以使作品形成神秘的视觉效果，且设计感十足。

❸ 作品以孔雀绿为主色调，白色为辅助色。且主体文字运用斜向的视觉特征，使画册充满动感，抓住了人的视觉心理，进而增强了整体的视觉效果。

❶ 这是书籍《德国词典》的封面设计作品。它属于学术类书籍，重色色块与文字部分相互呼应，增强了封面的均衡感与平稳度。

❷ 钴绿明度高，封面以钴绿色为背景，整体给人一种稚嫩、明快的感觉。

❸ 封面灵活运用了面的分割特性，且交汇点位于整体的黄金分割点处，形成了和谐、舒适的美感，同类色的运用，增强了封面整体的节奏感。

3.5 青

3.5.1 认识青色

青色：青色是类似于翡翠的颜色，是介于绿色与蓝色之间，既偏蓝又偏绿的颜色。当你无法界定某个颜色是蓝色还是绿色时，那么这个颜色就是青色。青色较适合作为底色，清爽而不张扬，简洁而不单调。青色是中国特有的一种色彩，象征着坚强、希望、古朴和庄重。

色彩情感：清爽、清脆、伶俐、活力、朝气、年轻、水嫩、清澈、凉爽、坚强、希望、庄重、典雅等。

青 RGB=0,255,255 CMYK=55,0,18,0	铁青 RGB=82,64,105 CMYK=89,83,44,8	深青 RGB=0,78,120 CMYK=96,74,40,3	天青色 RGB=135,196,237 CMYK=50,13,3,0
群青 RGB=0,61,153 CMYK=99,84,10,0	石青色 RGB=0,121,186 CMYK=84,48,11,0	青绿色 RGB=0,255,192 CMYK=58,0,44,0	青蓝色 RGB=40,131,176 CMYK=80,42,22,0
瓷青 RGB=175,224,224 CMYK=37,1,17,0	淡青色 RGB=225,255,255 CMYK=14,0,5,0	白青色 RGB=228,244,245 CMYK=14,1,6,0	青灰色 RGB=116,149,166 CMYK=61,36,30,0
水青色 RGB=88,195,224 CMYK=62,7,15,0	藏青 RGB=0,25,84 CMYK=100,100,59,22	清漾青 RGB=55,105,86 CMYK=81,52,72,10	浅葱色 RGB=210,239,232 CMYK=22,0,13,0

3.5.2 青 & 铁青

❶ 这是某时尚杂志的封面设计作品，时尚类封面多以丰富的色彩来吸引人们的视线，进而增强版面的视觉效果。

❷ 青色的饱和度、纯度都比较高，给人一种活力、朝气、冷艳的视觉感受。

❸ 封面中文字的大小形成对比，使版面层次分明，渐变字体的编排艺术感十足，起到画龙点睛的作用。

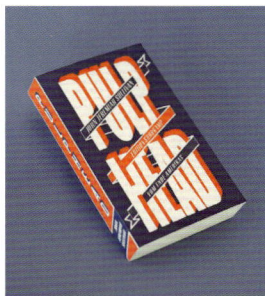

❶ 这是书籍 *PULPHEAD* 的封面设计作品。

❷ 铁青给人严肃、知识的感觉，同时也具有增强画面深沉度的效果。

❸ 对比色的运用使视觉冲击力大大提升，以主题文字填充整个封面，相关内容呈倾斜的视觉流程，且分别编排在彩色扁平飘带上，贯穿整个页面，形成完整、理性的美感。

3.5.3 深青 & 天青色

❶ 该作品为书籍《主厨在哪里吃饭》的装帧设计，这是一本关于餐馆指南的书籍。

❷ 明度较低的深青色，好似夜晚的颜色，给人以优雅、浪漫的感觉。

❸ 该作品的装帧设计极具风格化，文字的位置编排给人以新颖、奇特的视觉感受，深青的色调与书籍内容相呼应，进而强化了主题，加深了读者的视觉印象。

❶ 该作品为美国时尚杂志的内页设计，页面内容为妮维雅的护肤品展示。

❷ 天青色的明度稍高，纯度稍低，更加表现出该产品的清爽、清澈的特点。

❸ 分割的构图使页面条理清晰，文字按照骨骼型进行编排，使之形成了较强的节奏感与韵律感；黄色色条的运用与天青色形成强烈对比，强调了主题文字,凸显商品特性。

3.5.4　群青 & 石青色

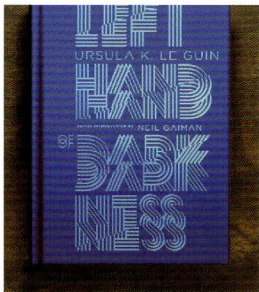

❶ 这是 20 世纪美国科幻小说《黑暗的左手》的装帧设计作品。

❷ 群青具有深邃、神秘的特性，明度相对较低，但纯度很高。

❸ 封面文字运用线的聚集形成面，并填满整个版面，同类色文字的渐变效果，烘托了整个装帧设计的科幻感与神秘感。

❶ 该页面为美国版时尚杂志的内页设计，该页面为 ONLY 品牌的护肤品展示。

❷ 石青色明度、纯度相对较低，给人以清澈、凉爽的感受。

❸ 分割型构图使页面信息清晰理智，左侧色块与右侧图片的倾斜方向相对，使之产生较为强烈的均衡感。

3.5.5　青绿色 & 青蓝色

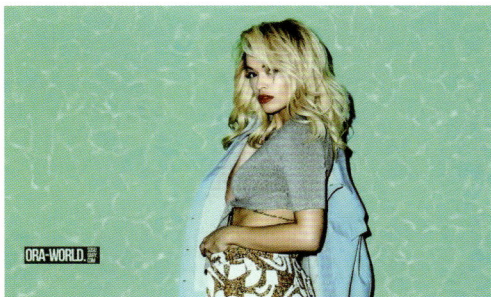

❶ 这是 MODZIK 杂志的封面设计作品。青绿色具有水的清透，给人以清新、怡然的视觉感受。

❷ 青绿色饱和度较高，会给人带来凉爽、清新的感觉，可以使人原本沉静的心情活跃起来。

❸ 杂志中以人物为主体，文字部分清晰明了，字体虽不大，但抓住了人的视觉习惯，其位置不容观者忽视。

❶ 该版面为法国时尚品牌 ELLE 的杂志封面设计，该杂志是以女性的时尚导向为主。

❷ 青蓝色是较受欢迎的颜色，使用场合广泛，给人以奢华、时尚的感觉。

❸ 封面中的人物形象与背景颜色一脉相承，均给人以淡雅、高端、雷厉风行的视觉感受。文字的叠压，使整体产生了较强的空间感。

3.5.6　瓷青 & 淡青色

❶ 该页面为 Digit 设计杂志的内页设计，页面主要内容为"打造完美品牌：你的基本检查清单"的相关内容。

❷ 瓷青的纯度相对较低，明度相对较高，给人一种清新、美好、透明的视觉感。

❸ 半透明白色色块的运用使页面整体空间感十足，并与瓷青色相互搭配，形成了清澈、透明的视觉效果。

❶ 这是亚历桑德拉·马斯特罗纳迪 Vanity Fair 杂志的封面设计作品。

❷ 淡青色是纯度较低的颜色，色彩明亮，给人以清新、纯净的感觉。

❸ 红色的主题文字鲜明醒目，增强了页面整体的视觉冲击力；以淡青色为主色调，与逆光的人物形象深化了页面主题，产生了纯净、美好的视觉感受。

3.5.7　白青色 & 青灰色

❶ 这是亚历桑德拉·马斯特罗纳迪 Vanity Fair 杂志一个挥之不去的新暗恋主题的内页设计作品。

❷ 白青色明度非常高，而纯度相对较低，给人一种干净、清纯的视觉感受。

❸ 满版的人物形象干净、透彻；文字解说简洁明了，且位于版面的黄金分割点处，给人以一目了然的视觉印象；白青色的主色调贴合主题，形成了浪漫的视觉效果。

❶ 该页面为某时尚杂志的内页广告设计，其内容为飞利浦商品宣传广告设计作品。

❷ 青灰色纯度、明度相对较低，给人悠闲、稳重但不沉闷的视觉感受，多用于背景色，可以控制画面的力量感。

❸ 页面整体运用了对角的视觉流程，文字位于页面色块之上，层次分明，具有清晰、理智的视觉特征，艺术字体的增添与主题相辅相成，且艺术感十足。

3.5.8 水青色 & 藏青

1 该作品为美国版时尚杂志的内页设计，该页面内容为 Febreze 品牌的空气清新剂的宣传广告设计。

2 一提到水青色，很容易让人联想到水的清澈、凉爽、甘甜，且具备大自然的清香感。

3 版面运用满版式构图，以水青色为主色调，自然景象与商品特征相统一，给人以清新、自然的视觉感受。

1 该作品为某书籍的对页设计，文字内容与畸形相关。

2 藏青是一种蓝与黑的过渡色，视感浅于黑但深于蓝。既能够营造出严谨的庄重感，又是艺术配色中不可缺少的颜色。

3 对页左图右文，图文并茂，三原色的运用避免了藏青色的过于沉重，抽象的图形与文字字体相辅相成，形成了内容与形式相统一的美感。

3.5.9 清漾青 & 浅葱色

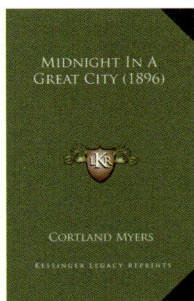

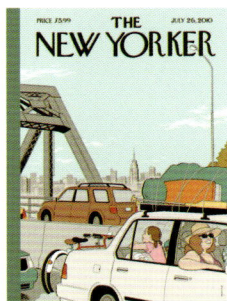

1 这是书籍《在一个大城市的午夜（1896）》的封面设计作品，是一本影印书，具有重要的文化意义。

2 清漾青的明度较低，是一种神秘的青，具有一定的珍重感。

3 封面中以清漾青为背景色，并运用对称型构图，将版面素材编排到上下两端，使其产生了较强的均衡感与庄重感。

1 该版面为书籍《纽约客》的封面设计，是一份美国知识、文艺类的综合杂志。

2 浅葱色明度较高，纯度偏低，色调偏冷，给人一种舒心、悠然的视觉感受。

3 卡通化的版面干净、简洁，且色彩搭配丰富，具有较强的文艺气息。文字大小、粗细形成鲜明对比，主次分明，且运用了对称的视觉流程，文字说明的同时，也均衡了版面。

3.6 蓝

3.6.1 认识蓝色

蓝色： 蓝色是色彩三原色之一，是所有色彩中最冷的颜色，容易让人联想到天空、海洋、水、星空、宇宙等。蓝色为企业标准色，具有较强的科技感与象征感，备受各大商业领域的青睐，强调科技、技术、效率等。此外，蓝色也有忧郁的视觉感受，常被运用于艺术创作或文学作品的感性诉求中。

色彩情感： 秀丽、清新、清澈、纯净、宁静、忧郁、豁达、沉稳、清冷、勇气、冷静、理智、永不言弃、美丽、文静、安逸、洁净、华丽、高贵、冷艳等。

蓝色 RGB=0,0,255 CMYK=92,75,0,0	天蓝色 RGB=0,127,255 CMYK=80,50,0,0	蔚蓝色 RGB=4,70,166 CMYK=96,78,1,0	普鲁士蓝 RGB=0,49,83 CMYK=100,88,54,23
矢车菊蓝 RGB=100,149,237 CMYK=64,38,0,0	深蓝 RGB=1,1,114 CMYK=100,100,54,6	道奇蓝 RGB=30,144,255 CMYK=75,40,0,0	宝石蓝 RGB=31,57,153 CMYK=96,87,6,0
午夜蓝 RGB=0,51,102 CMYK=100,91,47,9	皇室蓝 RGB=65,105,225 CMYK=79,60,0,0	浓蓝色 RGB=0,90,120 CMYK=92,65,44,4	蓝黑色 RGB=0,14,42 CMYK=100,99,66,57
爱丽丝蓝 RGB=240,248,255 CMYK=8,2,0,0	水晶蓝 RGB=185,220,237 CMYK=32,6,7,0	孔雀蓝 RGB=0,123,167 CMYK=84,46,25,0	水墨蓝 RGB=73,90,128 CMYK=80,68,37,1

3.6.2　蓝色 & 天蓝色

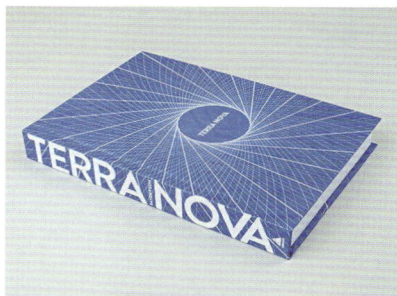

❶ 该作品为 Look Upstairs. AgIdeas 品牌识别内页设计作品展示。

❷ 蓝色在商业设计中运用广泛，象征意义有安全、理智、纯净等。

❸ 对页设计简洁、理性，对称的视觉流程均衡、沉稳，大面积的蓝色给人以科技感、创新感十足的视觉感受。

❶ 该作品为美国 TERRA NOVA 书籍的装帧设计，该品牌主要生产高雅、休闲、运动、成熟等各种流行风格的服装。

❷ 天蓝色的纯度比较高，明度相对较低，类似深海的颜色，给人以深邃、奢靡的视觉感受。

❸ 该封面采用了放射形构图，运用了线的聚散，形成了较强的空间感与形式感。

3.6.3　蔚蓝色 & 普鲁士蓝

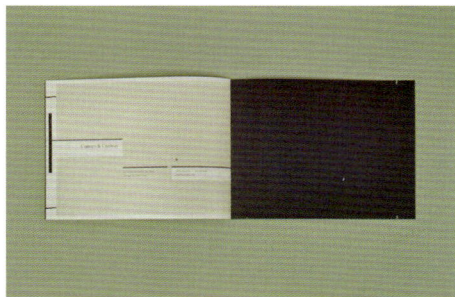

❶ 该页面为某杂志的对页排版设计作品，其内容与产品选择相关。

❷ 蔚蓝色纯度相对较高，明度相对较低，具有较强的科技感。

❸ 页面运用色彩强烈的对比，增强了页面整体的活跃度与视觉冲击力，图片的编排合理、规整，且具有较强的层次感与节奏感。

❶ 这是库尼康威的相关画册对页设计作品，其内容关于业内新闻、就业机会、行家见解等。

❷ 普鲁士蓝纯度较低，色彩厚重、稳定、严肃。

❸ 页面左侧以米色为主色，右侧以普鲁士蓝为主色，明度对比形成了较强的视觉冲击力，避免了过于严肃、沉闷的视觉印象。

3.6.4 矢车菊蓝 & 深蓝

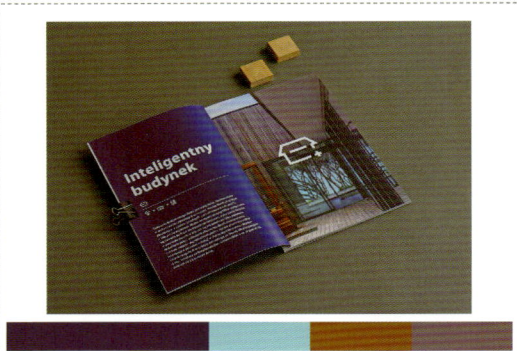

① 该页面为书籍《警报》的扉页设计，其内容与音乐相关。

② 矢车菊蓝的纯度和明度都比较中庸，与白色搭配，给人以充满韵律且神秘的视觉感受。

③ 其页面以矢车菊蓝为主色调，白色的文字醒目、突出，进而使主题内容更为明确。简约而不简单的版面设计，使页面产生了较为强烈的艺术感与形式感。

① 这是有关地板的科技化宣传画册对页设计作品。

② 深蓝是蓝与黑的结合色，具有深邃、神秘的特性，同时也具有较强的智能感与商业性。

③ 页面左文右图，理性的深蓝与白色文字相辅相成，给人以清晰明了的视觉感受。右页满版的图片与扁平化标识相辅相成，进而增强了整体的层次感。

3.6.5 道奇蓝 & 宝石蓝

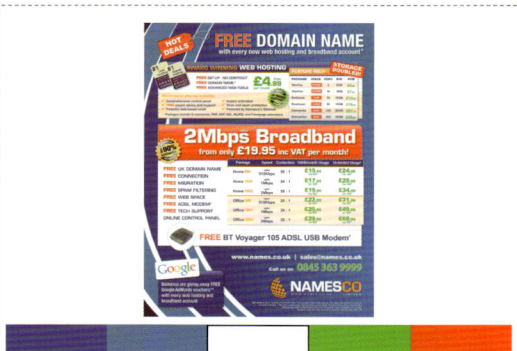

① 该作品为小说《1916 年 11 月：红色的第二轮》的封面设计，主要讲述了俄罗斯 1916 年 11 月社会的动荡。

② 道奇蓝明度不高，但色彩鲜明，给人以很舒适的视觉体验。

③ 该封面在设计中，灵活运用点、线、面的特征进行了编排设计，三角形的交错、重复，使之形成了较强的节奏感与层次感。

① 该页面为 Digit 设计杂志的页面设计作品，其内容主要是关于免费域名的介绍。

② 宝石蓝明度较低，给人稳重、权威的感觉，多用于一些要求比较正式的场合与设计中。

③ 页面以宝石蓝为主色调，红色为辅助色，绿色为点缀色；三原色的色彩搭配，使页面丰富饱满，给人以完整、统一的视觉感受。曲线形状的色条编排，增强了页面整体的活跃度与层次感。

3.6.6　午夜蓝 & 皇室蓝

❶ 这是捷克共和国的书籍《睡觉前，弗兰基的问题》的装帧设计作品，主要讲述了一个正常家庭发生的既感人又有趣的故事。

❷ 午夜蓝是一种低明度、低纯度的色彩，给人以神秘莫测的感觉。

❸ 封面中运用对比牢牢地抓住了人们的视觉心理，黑色色条的编排，覆盖于封面之上，产生了较强的层次感与空间感。

❶ 这是捷克共和国某书籍的装帧设计作品。以皇室蓝为主色调，黑白两色为主体色，清晰、明了地将书籍主题展现了出来。

❷ 皇室蓝是纯度、明度都非常高的颜色，是现代科技广泛应用的色彩。

❸ 封面运用线框将文字进行规划、分类，使之形成了理性而又美观的视觉感受。黑、白两色的搭配更为简洁，具有一目了然的视觉特征。

3.6.7　浓蓝色 & 蓝黑色

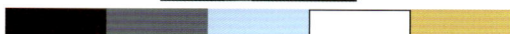

❶ 该作品为某杂志内页的版面设计，是标准型对页版面，左侧为满版型主题图片，右侧为骨骼型文字解读。

❷ 浓蓝色色彩明度很低，让人感觉版面内容比较沉稳、具有情节性。

❸ 右侧的骨骼型版面中，大面积的白即"虚"，文字内容即"实"，虚实结合，衬托主题，增强了版面的空间层次感。

❶ 这是书籍《晨星：红色三部曲上升 3》的封面设计作品，是一本科幻类的小说书籍。

❷ 蓝黑色明度很低，仿佛是深夜万物沉寂的样子。

❸ 页面运用主体物的曲线外观，使整个封面充满神秘感与动感，文字的竖向排列巧妙之极，文字说明的同时，也烘托了书籍的科幻氛围。

3.6.8 爱丽丝蓝 & 水晶蓝

❶ 该作品为美国版时尚杂志——《梅西百货》的宣传广告的封面设计作品。

❷ 爱丽丝蓝明度较高，在商业设计上常被广泛应用，给人以平静、清新的感觉。

❸ 在设计中，封面以爱丽丝蓝为主色调，其人物形象的黄色穿着巧妙地运用了对比色的特点，增强了封面的视觉冲击力。

❶ 这是一本关于美食的书籍内页设计作品，左文右图条理清晰，有着最直接的视觉感受。

❷ 水晶蓝是非常明亮的淡蓝，是当代的流行色之一，给人一种清爽、舒心的感觉。

❸ 页面中水晶蓝的背景清新、淡雅，骨骼型的文字规整、理性，图文搭配合理、清晰，整体视觉统一连贯，形成了和谐、美好的视觉感受。

3.6.9 孔雀蓝 & 水墨蓝

❶ 这是时尚杂志 HAUTE MUSE 的封面设计作品，其内容主要为有关时尚的一切事物。

❷ 孔雀蓝是具有宝石光泽的蓝色，色彩重量感较大，具有冷艳、神秘的特性。

❸ 封面中将天空的色彩调和成孔雀蓝色，与仰拍的人物形象相辅相成，形成了高端、奢华的视觉感受。

❶ 这是书籍《加沙》的封面设计作品，加沙是巴勒斯坦国加沙地区最大城市。

❷ 水墨蓝纯度与明度均相对较低，具有水墨的通透性与系统性。

❸ 书籍运用图片的空间分割特性将封面一分为二，且遵循了黄金比例分割法，文字部分主次分明，进而使饱满的版面形成了和谐、舒适的美感。

3.7 紫

3.7.1 认识紫色

紫色： 紫色是由火热的红色与冰冷的蓝色混合而成，既具有红色的热情浪漫感，也具有蓝色的冷静理性感。每当提到紫色，首先想到的就是薰衣草、丁香及紫罗兰等，是一种极具浪漫感的色彩，且具有较强的刺激性。紫色也是一种神秘而华贵的色彩，它与幸运、贵族等紧紧相连，象征着荣华富贵。

色彩情感： 神秘、浪漫、优雅、高贵、魅力、自傲、深刻、压迫、高冷、冷艳、尊贵、奢华、贵族、高雅、神圣、慈爱等。

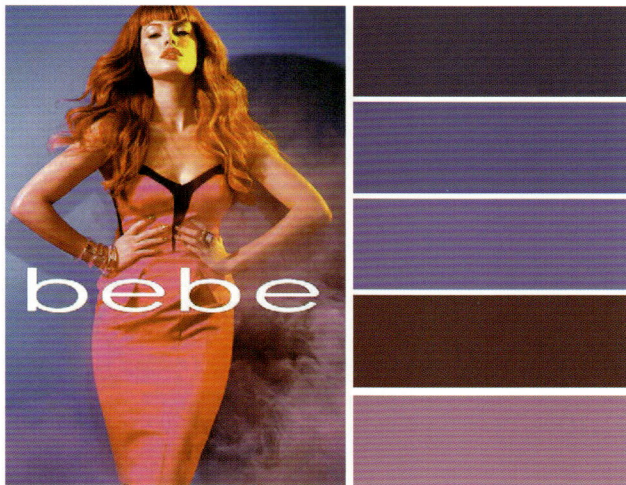

紫 RGB=102,0,255 CMYK=81,79,0,0	淡紫色 RGB=227,209,254 CMYK=15,22,0,0	靛青色 RGB=75,0,130 CMYK=88,100,31,0	紫藤 RGB=141,74,187 CMYK=61,78,0,0
木槿紫 RGB=124,80,157 CMYK=63,77,8,0	藕荷色 RGB=216,191,206 CMYK=18,29,13,0	丁香紫 RGB=187,161,203 CMYK=32,41,4,0	水晶紫 RGB=126,73,133 CMYK=62,81,25,0
矿紫 RGB=172,135,164 CMYK=40,52,22,0	三色堇紫 RGB=139,0,98 CMYK=59,100,42,2	锦葵紫 RGB=211,105,164 CMYK=22,71,8,0	淡紫丁香 RGB=237,224,230 CMYK=8,15,6,0
浅灰紫 RGB=157,137,157 CMYK=46,49,28,0	江户紫 RGB=111,89,156 CMYK=68,71,14,0	蝴蝶花紫 RGB=166,1,116 CMYK=46,100,26,0	蔷薇紫 RGB=214,153,186 CMYK=20,49,10,0

3.7.2 紫色 & 淡紫色

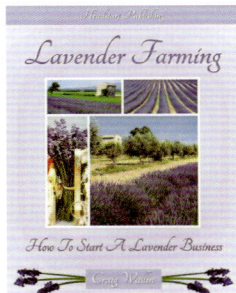

❶ 该作品在装帧设计中运用了紫色作为主色调，并且色彩主要为同类色系，使之产生较为强烈的层次感。

❷ 紫色在所有色系中是明度较低的色彩，给人以华丽、贵重、神秘的感觉。

❸ 紫色具有较强的女性气息，有着妩媚、优雅、浪漫的视觉特征。紫色的色调与书籍主题相辅相成，烘托气氛的同时，更强化了其中心思想。

❶ 这是书籍《薰衣草农场》的封面设计作品，以淡雅的淡紫色为主色，与薰衣草主题相呼应，给人以优雅、浪漫的视觉感受。

❷ 淡紫色纯度较低，明度较高，具有舒适、闲雅、安全的视觉特征。

❸ 封面图文结合，线框感较强的图片相互组合成为一个四方矩形，文字均位于上下两端，使封面产生较为稳定的视觉效果，艺术字体的添加使页面浪漫感十足。

3.7.3 靛青色 & 紫藤

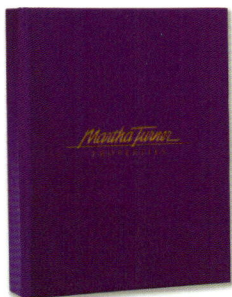

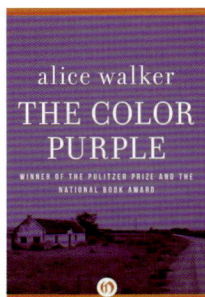

❶ 该书籍在装帧设计中以靛青色为主色调，并运用了重心型构图。

❷ 明度极低的靛青色，设计感十足，给人以沉稳、厚重的视觉感受。

❸ 以文字作为封面重心点，位于封面相对中央位置，简洁的编排设计，给人以清晰明了、一目了然的视觉印象。

❶ 该作品为艾丽斯·沃克的书籍《紫色》的封面，该书籍是一本长篇书信体小说，是一部思想性很强而艺术水平又很高的作品。

❷ 紫藤色纯度较高，给人以学术、探知的感觉。同时也具有较强的艺术感与神秘感。

❸ 作品以紫藤色为主色调，红色色条上下呼应，给人以有始有终的视觉感受，白色的字体清晰简洁，且具有较强的层次感。

3.7.4 木槿紫 & 藕荷色

① 这是关于建筑的宣传画册设计作品，且与金属楼梯相关。

② 木槿紫介于蓝紫和红紫之间，明度较低，是一种商业、科技的色彩。

③ 木槿紫的背景色与白色文字搭配，使画面既清晰又沉稳，线圈的设计更加方便了观者翻阅。左页运用自由型构图，右页运用了骨骼型构图，不同风格的构图形式更加吸引了人们的视觉点与阅读兴趣。

① 这是某书籍的内页设计作品，其内容为人物介绍。

② 藕荷色带有梦幻、温暖的视觉特征，显示出一种既含蓄又俏皮的视觉效果。

③ 页面中以藕荷色为主色调，单色的做旧图片左右对称，且图片之间间距相同，在无形之中形成了较强的节奏感与韵律感，并给人以理性、规整的视觉感受。

3.7.5 丁香紫 & 水晶紫

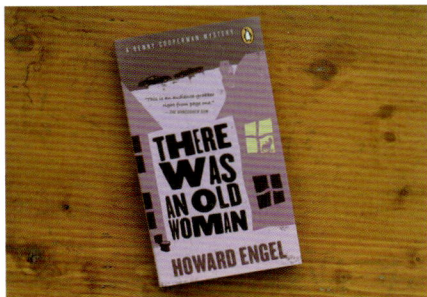

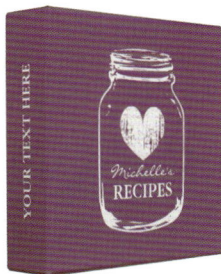

① 这是恩格尔·霍德华的著名小说《有一个老女人》的封面设计作品。

② 低纯度的丁香紫，具有清纯、优雅的视觉特性，也有着诙谐的幽默感。

③ 同类色运用巧妙，使平面的色块形成了较为强烈的层次感，文字的字体幽默诙谐，满版的构图给人以充实的感觉。

① 这是一本关于烹饪方法书籍的装帧设计作品。

② 水晶紫的纯度较低，颜色偏灰，有着知识、智慧的视觉特征。

③ 该作品书脊部分的文字起到了较为详细的诠释作用，使观者一目了然地了解了书籍类别。

3.7.6　矿紫 & 三色堇紫

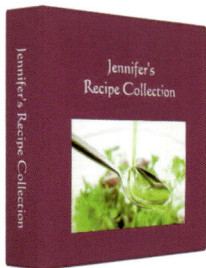

❶ 这是加拿大 ELLE 秋季风格的杂志封面设计作品。

❷ 矿紫纯度、明度相对较低，常常给人以沉静、神秘的视觉感受。

❸ 封面中矿紫色的背景色与红色的服装形成了神秘、高端的时尚感，品牌文字直截了当，虽字号不大，但其存在的位置不容观者忽视。

❶ 这是书籍《珍妮佛食谱集》的装帧设计作品，三色堇紫的色彩较为明亮，与美食主题相辅相成，给人以雅致生活的视觉感受。

❷ 三色堇紫色彩鲜明，是适用于女性与美食的一种色彩，有着闲适、浪漫的视觉特征。

❸ 在设计中，书脊与封面文字的字体相同，有着全方面服务于内容的作用，使之更为明确清晰地将中心思想展现在众人面前。

3.7.7　锦葵紫 & 淡紫丁香

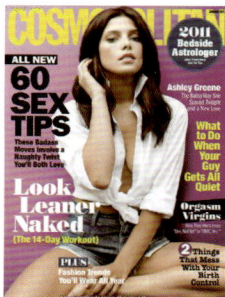

❶ 这是美国版时尚杂志的封面设计作品，其内容均与时尚主题息息相关。

❷ 锦葵紫明度、纯度适中，与其他颜色较易搭配，能给人以轻松、通透的视觉感受，且广泛用于背景色。

❸ 封面中黄色的点缀增添了整体的活力感，黑白两色的对比使封面时尚感十足，文字的大小、粗细形成鲜明对比，加强了整体的层次感与空间感。

❶ 这是时尚杂志 VOGUE 的封面设计作品，其内容主要以时尚主题为主。

❷ 淡紫丁香颜色柔和，明度较高，纯度较低，给人以浪漫的感觉。

❸ 使用粉色与蓝色进行色相对比，增添了整体的艺术气息与时尚感。人物形象的衣着选用重色，与主体文字相互呼应，避免了色彩过于明亮的轻浮感。

3.7.8　浅灰紫 & 江户紫

① 该书籍装帧设计色调明快，具有浓厚的书香气息，且以浅灰紫的花枝为主题图片，更加彰显了书籍的艺术韵味。

② 浅灰紫明度较低，含有的灰色成分较多，给人一种优雅、闲适的视觉感受。

③ 封面中色彩搭配层次鲜明，有主有次，文字的艺术化更加强化了主题思想，且具有笔墨版的儒雅的视觉特点。

① 该作品为书籍的内页设计，以江户紫为主色调，橙色的融入不仅增强了整体的视觉感染力，同时也提升了书籍的艺术氛围。

② 江户紫明度适中，给人一种平静却不失活力的感觉。

③ 没有多余的文字，大面积的色彩构成具有较强的形式感与艺术感，使内容与形式达到了统一的艺术境界。

3.7.9　蝴蝶花紫 & 蔷薇紫

① 这是杂志《时尚芭莎》的封面设计作品，其内容均以时尚主题相关。

② 蝴蝶花紫纯度相对较高，明度较低，稳定感十足，给人以充满活力与力量的感觉。

③ 人物形象、光感均与整体色调相统一，使封面充满了成熟的知性美。青色的搭配与蝴蝶花紫形成对比，增强了画面视觉冲击力的同时，避免了色调过于统一的乏味感。

① 该版面为某杂志的内页设计，其主要内容为 BOURJIOS 的产品展示，BOURJIOS 是法国巴黎的世界级的彩妆品牌。

② 蔷薇紫是女性的色彩，且掺有少许红色，但色相偏紫色，给人一种优雅、清新的感觉。

③ 页面中埃菲尔铁塔的图案侧面突出了品牌地址及女性的浪漫气息，且版面运用较为鲜明的色块突出了重要信息，其手法既巧妙又富有美感。

3.8 黑白灰

3.8.1 认识黑白灰

黑色： 黑色可吸收所有可见光，即几乎没有任何可见光进入视觉范围，不反射任何光。黑色是宇宙的底色，象征着一切归宿于安宁，具有较强的深邃感与空间感。

色彩情感： 黑暗、凄惨、悲伤、忧愁、死亡、恐怖、恐惧、邪恶、厌恶、力量、隐蔽、神秘、稳定、庄重等。

白色： 白色明度最高，无色相。即所有可见光均可同时进入视觉范围，与黑色相反，可以反射任何光，且通常被认为是"无色"。很多情况下代表着圣洁、纯洁等。

色彩情感： 干净、简洁、贞洁、畅快、朴素、透彻、圣洁、纯洁、高级、科技、公正、端庄、正直、保守、反动、虚无等。

灰色： 灰色介于黑色与白色之间，色彩中立、随和，既有白色的单纯，又有黑色的寂寥与空洞。介于黑、白之间，让人捉摸不定，具有较强的神秘感。

色彩情感： 伤心、郁闷、沮丧、压抑、柔和、高雅、中庸、平凡、温和、谦让、善变、迷茫、神秘、正派、老实等。

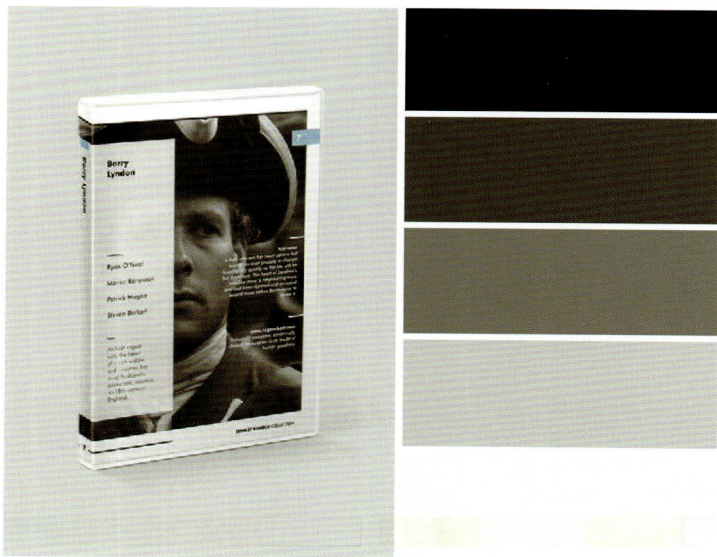

白 RGB=255,255,255 CMYK=0,0,0,0	月光白 RGB=253,253,239 CMYK=2,1,9,0
雪白 RGB=233,241,246 CMYK=11,4,3,0	象牙白 RGB=255,251,240 CMYK=1,3,8,0
10%亮灰 RGB=230,230,230 CMYK=12,9,9,0	50% 灰 RGB=102,102,102 CMYK=67,59,56,6
80% 炭灰 RGB=51,51,51 CMYK=79,74,71,45	黑 RGB=0,0,0 CMYK=93,88,89,88

3.8.2 白 & 月光白

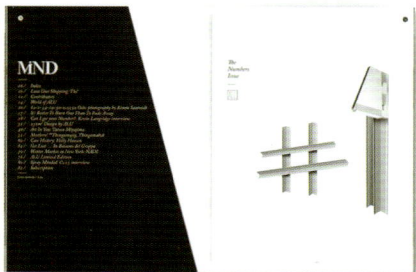

① 该作品为杂志 *MIND* 的对页。页面中图文并茂，并利用黑白灰关系，使版面平稳、和谐。

② 白色是明度最高的颜色，属于无色系。

③ 在设计中运用了分割式构图，背景的黑色与白色使用了黄金比例进行分割，使之形成两大板块，给人以稳定、舒适的视觉效果。

① 这是某杂志的内页设计作品，其内容为感冒药 NyQuil 的宣传广告。

② 月光白是一种很容易让人联想到月亮、夜晚的颜色，具有月光般的高冷和圣洁。

③ 页面运用分割型构图，并运用了对称的视觉流程，有着沉稳、和谐的视觉特征，图片的选用与商品一脉相承，进而彰显了商品特性。

3.8.3 雪白 & 象牙白

① 这是美国版时尚杂志的内页设计，该页面为电子品牌 HTC 的商品宣传。

② 雪白的颜色稍微偏冷，给人以雅致、理性的视觉感受。

③ 页面以雪白为主色调，体现了商品具有理性、科技的特点。其主题文字大方简洁、直截了当，进而将主题思想展现得淋漓尽致。

① 该作品为某杂志的内页设计，其内容为 Trident 口香糖。

② 象牙白是典雅的颜色，多被应用为背景色，具有柔软、清新的视觉感受。

③ 页面中巧妙运用了倾斜式构图，以象牙白过渡到浅葱色的渐变色为背景色，商品的夸大化直击主题，且给人以清新、自然的视觉印象。

3.8.4　10% 亮灰 &50% 灰

① 这是关于运动的杂志的装帧设计。

② 亮灰色的明度稍高，可以产生平静、充满敬意等视觉效果。

③ 在设计中，以 10% 亮灰色为主色调，运用黄、橙、蓝为点缀色，不仅在封面中活跃了整体气氛，同时使系列作品相互呼应，具有较强的创新感，易引起观者阅读兴趣。

① 这是杂志 sunday style 的封面设计作品，其内容均与时尚主题相关。

② 低明度的灰色给人稳重、奢华的视觉感受，大面积的使用会给人一定的精神压力。

③ 封面的整体色调偏灰，以 50% 灰色为背景色，半透明的红花绿叶渲染了整个版面的艺术氛围，并烘托了主题的时尚气息，给人以低沉但奢靡的视觉美感。

3.8.5　80% 炭灰 & 黑

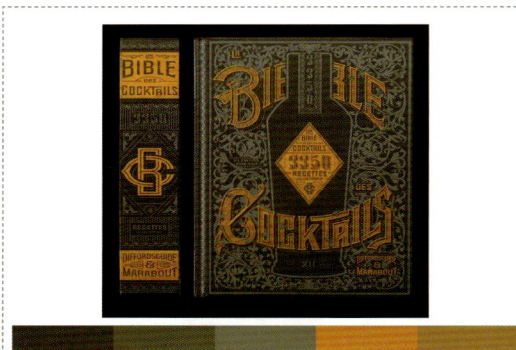

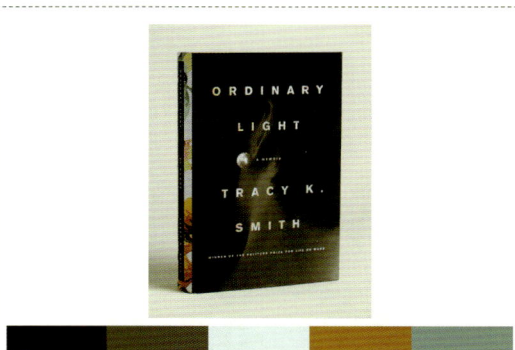

① 这是 Kevin Cantrell 设计的装帧作品，书籍名为《鸡尾酒圣经》。

② 炭灰接近于黑色，具有稳重、沉重的特性，同时也可以给人高端、深邃的感觉。

③ 错综复杂的花纹使装帧整体形式感十足，细节的完善在形状和色彩的组织中将其品味彰显得淋漓尽致。橙色的融入，不仅装饰了整个版面，还更加强化了整体的视觉冲击力，营造了既沉稳又具有活力的浪漫气息。

① 这是《普通光：回忆录》的装帧设计，主讲的是一个感人至深的回忆录，探讨年龄和家庭对一个复杂的种族、信仰背景的意义。

② 黑色在文学作品与绘画领域象征着恐惧与死亡，具有较为强烈的深邃感。

③ 黑色调与渐变效果的文字形成色彩反差，给人以深刻且坚定的视觉印象。文字的编排井然有序，使封面产生了较为强烈的节奏感与韵律感。

第4章 书籍装帧设计的元素

图像 / 文字 / 色彩 / 版面 / 图形

　　"装帧"的本意是指将一部书稿在印刷之前，将其多帧页面装订在一起，且对其形态、材质，以及制作方法等进行艺术创作和工艺设计，并组合成书面的形式。实际是由多帧纸张组合而成，纸张本是二维的视觉元素，但经过装帧设计，使其在立体的空间内进行流动，以达到其创作价值。书籍装帧设计包括很多元素，其中图像、文字、色彩、版面、图形是其最直观的视觉元素。

- ◆ 图像：包括摄影、插图、图案，遵循形式与内容相统一的原则。
- ◆ 文字：封面中简练的文字信息，如书名、作者名，以及出版社名称等。
- ◆ 色彩：发挥色彩视觉作用，注重视觉语言与书籍内容一致性。
- ◆ 版面：灵活运用构图形式打造书籍风格化。
- ◆ 图形：根据图形多样性，掌控整体的情感基调。

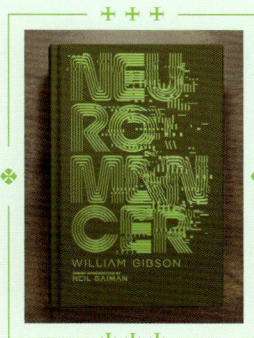

4.1 图像

　　图像即影像的代言词，是客观形象的相似的描述或写真，是活动中最常用的信息载体。图像也可解释为具有视觉效果的画面，包括相片、底片、书面、投影仪、银屏上的影像。而在书籍装帧设计中，多指摄影图片、卡通形象、绘画作品、电脑绘图等。图像是直接反应书籍内容的载体，是书籍风格与时代特征的直接传达。在创作过程中，设计者要根据书的不同性质、用图及适用对象，进行图像筛选、编排与设计，使其内容丰富有内涵，并以一种传递信息为目的和一种美感的形式呈现给读者。一个好的书籍装帧设计既要注重书籍的适用范围与适用对象，还要考虑大多数人的审美习惯，并体现不同时代风格与视觉特征，进而提升整体的购买力度与创作价值。

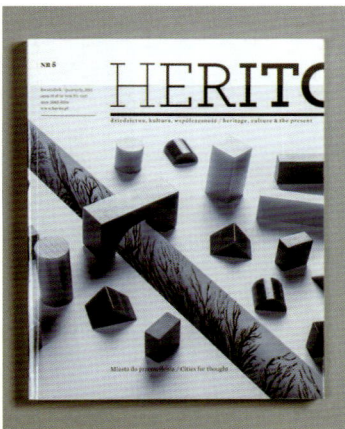

4.1.1 封面中的图像

设计理念：封面中以明快的黄色文字为主题文字，以相对的卡通形象为主题图片，其构图饱满，左右均衡，具有较强的稳定性。

色彩点评：该封面以青蓝色为主色调，以黄色为辅助色，以红色为点缀色，巧妙地运用了色彩的对比，形成了清晰、醒目，一目了然的视觉感受。

封面中心的浅色半透明图案与卡通人物形象相辅相成，进而形成了较为强烈的层次感。

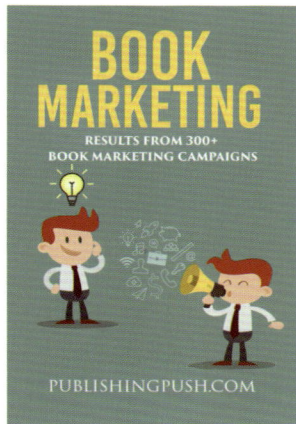

整体色调运用了色彩三原色，强调了整体的色彩基调，形成了色彩丰富且活跃的形式美感。

文字以线的形式进行编排，具有规整、理性的视觉特点。

RGB=255,255,255 CMYK=0,0,0,0
RGB=251,213,4 CMYK=7,19,88,0
RGB=47,127,128 CMYK=81,42,51,0
RGB=166,23,19 CMYK=41,100,100,8

以泼墨的手法，并运用了色彩三原色对封面中的人物形象进行了设计创作，留白的应用避免了色彩过于丰富的杂乱现象，进而增强了整体的艺术形式。

RGB=216,225,74 CMYK=25,5,79,0
RGB=242,118,116 CMYK=5,68,44,0
RGB=73,175,154 CMYK=69,13,48,0
RGB=255,255,255 CMYK=0,0,0,0
RGB=0,0,0 CMYK=93,88,89,80

封面中人物形象的设计编排，打破了传统的结构关系，运用了破型的构图方式，形成了充满动感的视觉效果，同时也增强了整体的创意性。

RGB=233,224,219 CMYK=11,13,13,0
RGB=187,179,176 CMYK=31,29,27,0
RGB=226,114,102 CMYK=14,68,53,0
RGB=199,76,69 CMYK=28,83,71,0
RGB=0,0,0 CMYK=93,88,89,80

杂志中的图像

设计理念：该杂志封面运用了重心型构图，以人物形象为重心点，且文字进行对其围绕编排，视觉元素的相互叠压，使之产生了较为强烈的层次感。

色彩点评：以黑色为背景色，以白色为字体颜色，"黑白"是时尚风格的经典用色，具有深邃、冷艳的视觉感受，且蓝色的服装搭配更加增强了这一封面特点，烘托了整体的时尚气息。

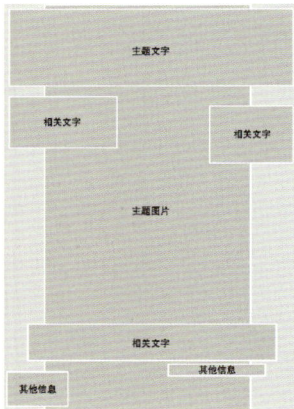

🎨 黑、白、灰的巧妙搭配使整个画面空间感十足，且人物形象与整体色调相呼应，具有内容与形式相统一的视觉特点。

🎨 整体构图左右相对均衡对称，具有较强的稳定性，给人以平稳、舒适的视觉感受。

- RGB=255,255,255 CMYK=0,0,0,0
- RGB=221,208,192 CMYK=16,19,25,0
- RGB=81,118,143 CMYK=74,51,37,0
- RGB=0,0,0 CMYK=93,88,89,80

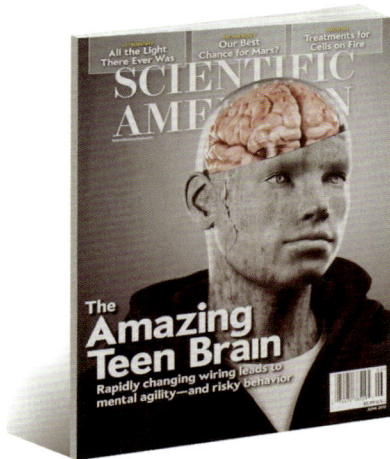

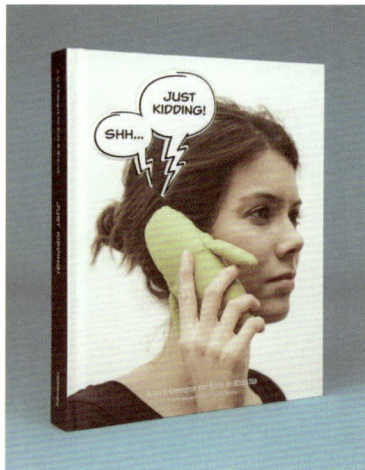

该书籍在装帧设计中以单色的人物形象为主色，大脑的彩色化给人眼前一亮的视觉感受，且更加突出了整体的情感基调。

- RGB=158,124,17 CMYK=47,53,100,2
- RGB=162,94,81 CMYK=44,72,67,3
- RGB=214,213,218 CMYK=19,15,11,0
- RGB=142,141,147 CMYK=51,43,37,0
- RGB=0,0,0 CMYK=93,88,89,80

该作品运用了重心型构图，以人物图像为重心点，文字以对话气泡的形式编排于版面之中，并与人物动作相呼应，给人以诙谐幽默的视觉感受。

- RGB=234,244,236 CMYK=11,1,10,0
- RGB=208,215,145 CMYK=25,11,51,0
- RGB=205,160,137 CMYK=24,42,44,0
- RGB=255,255,255 CMYK=0,0,0,0
- RGB=0,0,0 CMYK=93,88,89,80

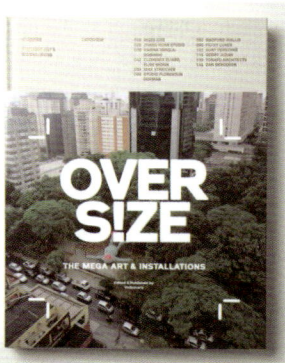

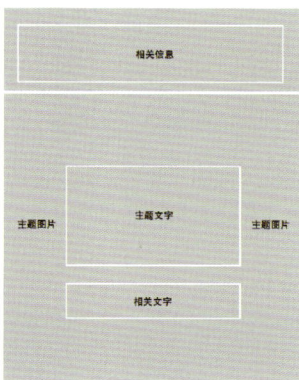

设计理念: 该作品遵循了黄金比例的分割特点对其封面设计进行了分割,使其形成了既和谐又舒适的视觉美感。

色彩点评: 整体色调柔和饱满,且以摄影图形为主题图片,其白色的重心文字置于图片之上,层次分明,且极具空间感。

❶ 封面中整体色调统一,但不单调,具有较强的唯美时尚气息。

❷ 文字的图形化既起到了文字说明的作用,同时增强了画面的生机感与活跃感。

❸ 封面上方的四处段落文字之间间隔相等,增强了整体的韵律感与节奏感。

☐ RGB=255,255,255 CMYK=0,0,0,0
▨ RGB=234,229,223 CMYK=10,10,12,0
▨ RGB=197,181,169 CMYK=27,30,31,0
▨ RGB=93,111,87 CMYK=70,52,70,7

该系列书籍的封套采用了满版型构图,以摄影图形填充整个版面,运用黄金比例进行色块文字嵌入,形成了和谐美好且简约但不单调的视觉美感。

▨ RGB=213,205,194 CMYK=20,19,23,0
▨ RGB=155,154,150 CMYK=46,37,38,0
▨ RGB=108,98,97 CMYK=65,62,58,8
▨ RGB=225,228,233 CMYK=14,9,7,0
▨ RGB=77,76,81 CMYK=75,69,61,21

满版的构图形式具有较强的视觉饱满感,封面中运用色彩的对比与"面"的分割特性增强了整体的细节感与层次感,形成了艺术感十足的视觉特征。

▨ RGB=183,194,196 CMYK=33,20,21,0
▨ RGB=64,66,65 CMYK=77,69,68,33
■ RGB=0,0,0 CMYK=93,88,89,80
☐ RGB=255,255,255 CMYK=0,0,0,0
▨ RGB=151,18,19 CMYK=45,100,100,15

4.1.4 提升封面深邃感的装帧设计技巧——大面积黑色的巧妙应用

在所有色彩中，黑色可吸收一切可见光，无一反射，多数象征庄严、沉重的东西，具有空洞、虚无的视觉效果，在一片漆黑之中，总会让人产生强烈的探索欲望，因此黑色的巧妙应用不但可以增强画面整体的神秘感，也可产生深邃的视觉感受，给人以无尽的想象空间。

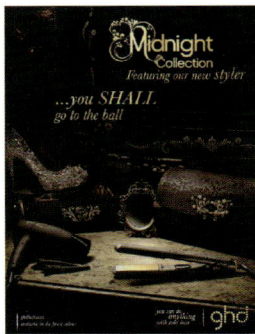

作品运用黑、白、灰营造整个画面，且黑色的服装搭配与背景相容，给人以完整、深邃且时尚的视觉美感。

满版的摄影图片细节分明，视觉重心点位于黄金分割点处，形成了和谐舒适且高端感十足的视觉感受。

配色方案

双色配色　　　　　三色配色　　　　　四色配色

书籍装帧设计赏析

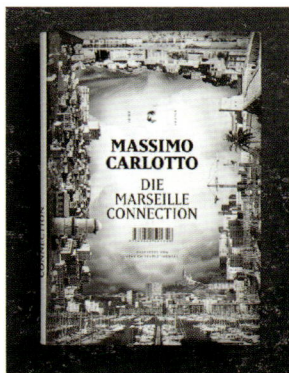

　　文字是记录思想，交流信息，承载语言、图像及符号的总体名词，是传递信息的重要工具之一，也是人们思维表达的视觉传达手段，更是人们不可或缺的文化蕴涵。"文字"可指书面文字、语言、文章、独体字等视觉形式符号，具有表达视觉图案的信息性与可视性，可反复阅读，其意更加清晰明确，可突破时间与空间的限制。

　　在书籍装帧设计中，文字是书籍的灵魂，是书籍的精髓所在。文字可以更详细、更清晰地传递书籍的中心思想与书籍内容。在封面设计中，主要文字有书名，包括丛书名、副书名、作者名和出版社名，以上文字信息需主次分明，且具有举足轻重的作用。在正文中，其文字编辑是书籍的重点，需注意字体大小、类别、间距及行距的关系，其文字的字体与字号取决于书籍的受众群体，字体颜色需按照人们的视觉审美需求进行编排设计。无论是主题文字还是相关信息，都要注重设计的思想性，只有内容与美感并存，才能达到雅俗共赏，吸引更多读者的阅读兴趣。

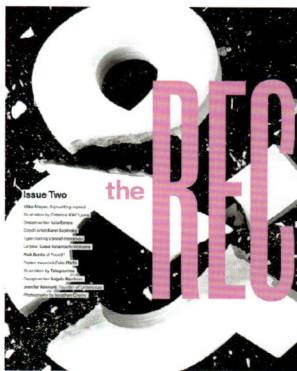

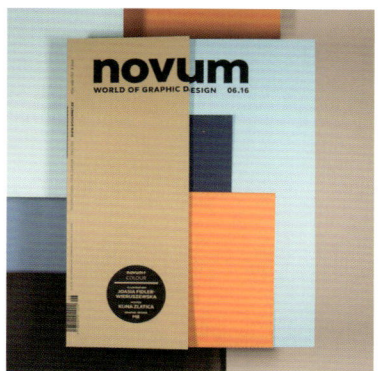

4.2.1 封面中的文字

设计理念：封面中图文并茂，文字与文字之间层次分明，错落有序，具有较强的可视性，增强了书籍装帧的文字功能性与视觉美感。

色彩点评：以单色为主色调，红色为辅助色，蓝色为点缀色，巧妙运用对比色进行装点画面，给人以强烈的视觉冲击。

🌈❶ 主题文字的下划线规整了文字的编排设计，使其更加严谨、和谐、醒目。

🎨❷ 色块的重复与大小形成对比，使其在无形之中产生了较强的节奏感与韵律感。

🎨❸ 右下角的文字虽小，但其存在的位置不容观者忽视，文字说明的同时，也平衡了画面。

□ RGB=255,255,255 CMYK=0,0,0,0
■ RGB=211,221,223 CMYK=21,10,12,0
■ RGB=199,8,23 CMYK=28,100,100,1
■ RGB=0,0,0 CMYK=93,88,89,80

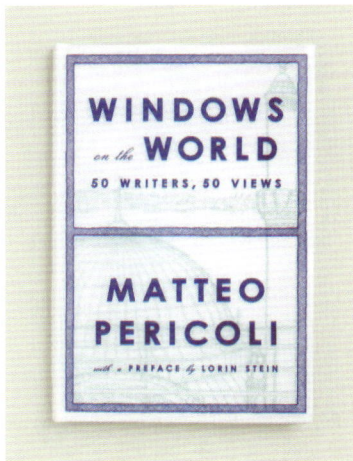

作品以字体、大小相同的文字填满整个版面，且行距相同，使封面形成了既饱满又富有节奏感的视觉感受，深灰色为背景色，黑色为字体颜色，色调和谐统一，且层次分明。

■ RGB=221,225,228 CMYK=16,10,9,0
■ RGB=177,180,195 CMYK=36,27,17,0
■ RGB=117,115,128 CMYK=62,56,43,1
■ RGB=84,86,101 CMYK=75,67,52,10
■ RGB=0,0,0 CMYK=93,88,89,80

该作品运用了对称型构图，运用线的空间分割特性使封面分为上下两部分，且相对对称，使其形成平稳、均衡的视觉感受。

■ RGB=238,242,243 CMYK=8,4,5,0
■ RGB=200,218,218 CMYK=26,9,15,0
□ RGB=255,255,255 CMYK=0,0,0,0
■ RGB=111,131,204 CMYK=64,48,0,0
■ RGB=10,13,188 CMYK=99,88,0,0

设计理念： 作品中以梯子为分割点，将人物形象与文字信息分割为两部分，其条理清晰，动感十足，具有较强的视觉吸引力。

色彩点评： 以白色为背景色，黑色为主体色，青色为点缀色，黑、白两色足以烘托封面的时尚气息，与主题呼应，青色的点缀，使整个版面产生了既时尚又优雅的视觉感受。

🍊 封面中的主题文字以纸张的形式编排于版面之中，且掉落的字母不但不影响文字说明，还增强了封面的视觉效果，形成了风趣幽默的视觉美感。

🍊 以梯子为分割线，左图右文，思路清晰，更加适合人们的视觉流程。

- RGB=255,255,255 CMYK=0,0,0,0
- RGB=248,225,217 CMYK=3,16,13,0
- RGB=190,219,217 CMYK=31,7,17,0
- RGB=0,0,0 CMYK=93,88,89,80

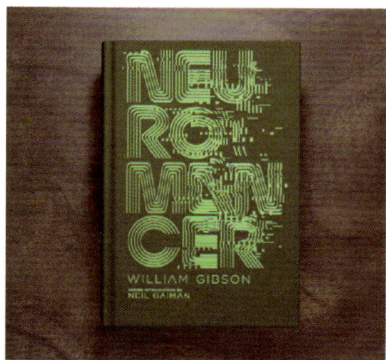

以低明度、低纯度的绿色为主色调，高纯度、高明度的绿色为字体颜色，色调和谐统一，并运用了线的活跃性增强了整体的视觉艺术感。

- RGB=134254,95 CMYK=47,0,77,0
- RGB=104,211,71 CMYK=59,0,85,0
- RGB=105,165,69 CMYK=65,21,69,0
- RGB=80,154,59 CMYK=72,25,97,0
- RGB=47,70,42 CMYK=81,61,93,38

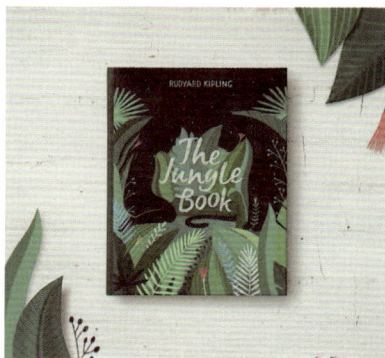

作品中巧妙地运用同类色增强了封面的层次感，互补色的点缀色醒目、自然，增强视觉感染力的同时，烘托了整体的艺术氛围。

- RGB=19,139,112 CMYK=82,32,66,0
- RGB=9,170,240 CMYK=72,20,0,0
- RGB=203,60,80 CMYK=26,89,61,0
- RGB=255,255,255 CMYK=0,0,0,0
- RGB=19,36,52 CMYK=94,85,65,48

4.2.3 艺术化文字

设计理念： 书籍 *Hall of Mosses* 的封面设计作品中，灵活运用了点、线、面的设计知识将人物形象剪影化，并以主题情景填充，进而深化了主题，增强了书籍的视觉印象。

色彩点评： 以绿色为主色调，与作品的"苔藓"颜色相呼应，达到内容与形式相统一的视觉美感。

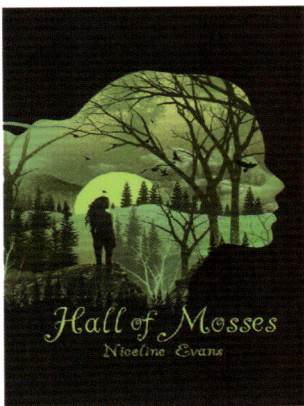

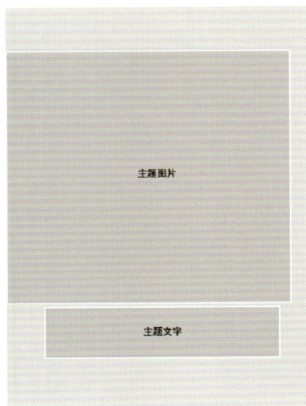

🎨 艺术文字的编排位于封面下方的黄金分割线处，具有浪漫且艺术的视觉特征。

🎨 大面积的黑色运用更增强了书籍的神秘感与好奇感。

- RGB=177,241,52 CMYK=39,0,85,0
- RGB=83,167,89 CMYK=69,17,81,0
- RGB=54,103,65 CMYK=82,51,88,14
- RGB=18,29,33 CMYK=90,81,75,62

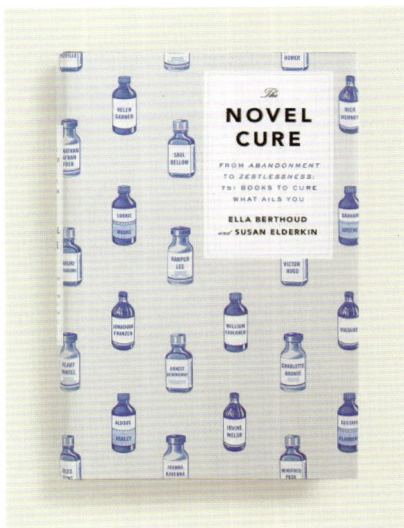

封面中运用视觉元素反复的视觉流程，将元素进行逐一排列编排设计，并严格遵循了编排的规律，进而增强了整体的节奏感与韵律感。

- RGB=214,214,214 CMYK=19,14,14,0
- RGB=108,151,194 CMYK=63,36,14,0
- RGB=3,58,185 CMYK=94,8,0,0
- RGB=255,255,255 CMYK=0,0,0,0
- RGB=0,0,0 CMYK=93,88,89,80

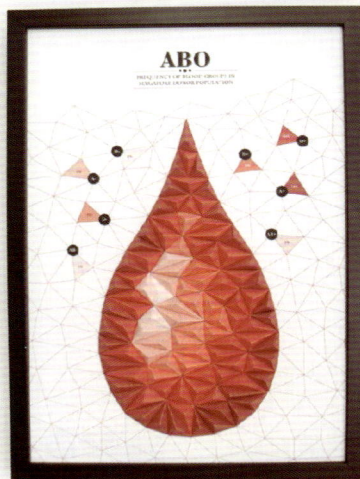

该作品运用了重心式构图，并运用色彩的明度对比，使视觉重心元素产生了三维的立体效果，饱满了封面的同时也增强了整体的视觉感染力。

- RGB=249,235,234 CMYK=3,11,7,0
- RGB=242,178,166 CMYK=6,40,29,0
- RGB=205,41,52 CMYK=24,95,82,0
- RGB=255,255,255 CMYK=0,0,0,0
- RGB=0,0,0 CMYK=93,88,89,80

4.2.4 增强书籍装帧层次感的设计技巧——灵活运用模切的设计手法

　　模切是书籍装帧设计中的一种设计手法，即对书籍的封面、环衬或扉页等部分按照事先设计好的形状进行裁切，也是一种裁切工艺。进而使书籍的外观打破方方正正的局限性，形成更多、更好的视觉美感，可以更加体现作品的层次感，也能增强书籍的幽默性。

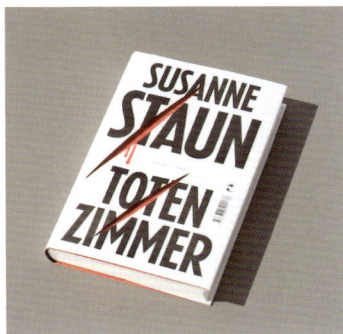

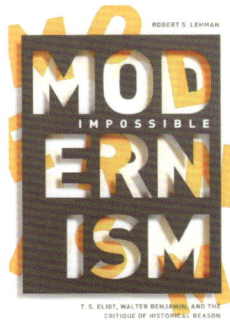

　　封面中的模切形状与刀口相似，并露出充满血性的红色扉页，呈现出了丰富的层次结构，使人们获得了更为强劲有力的视觉信息。

　　作品中以文字为主体，且封面中的主题文字运用了模切的设计手法，阴影效果的增加更加强化了封面的空间感与层次感。

配色方案

双色配色　　　　　　三色配色　　　　　　四色配色

书籍装帧设计赏析

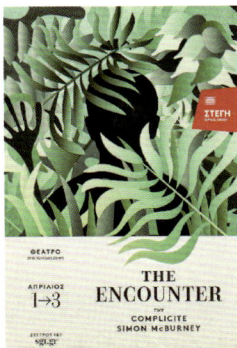

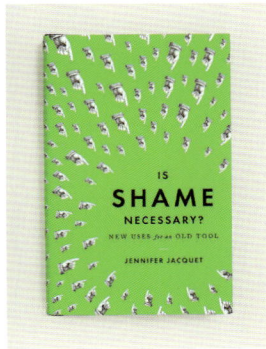

4.3 色彩

　　自然界中，各种事物都有着本身的色彩，天是蓝色，草是绿色，云是白色等。色彩是一切事物的第一视觉印象的传达，也是其情感的直接传递。相对于色彩，可表现为黑、白、灰或彩色；黑、白、灰是天生的调和色，而彩色是更具有具象意义与说服力的颜色，或舒缓、或湍急、或柔情、或刚毅、或浪漫、或严谨等。

　　书籍装帧既是立体的，也是平面的，且立体是由许多平面组合而成。在书籍装帧设计中，"色彩"是附着于书籍的视觉元素之中的，且可被众人感知，对人的情绪有一定的影响，具有增强书籍装帧设计的表现力与传达力。通过形与色的巧妙结合，可以使书籍装帧的形式美感更加夺目，其意表达更加清晰，更具有说服力。在色彩方面，其应用要突出主题，更要注重书籍的视觉语言表达的一致性与统一性，色彩是最能打动人心的视觉语言，不同的色彩可以传递不同的情调与思想，达到整体内容形式和谐统一，才能更好地发挥其视觉作用。

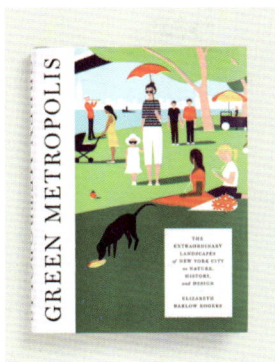

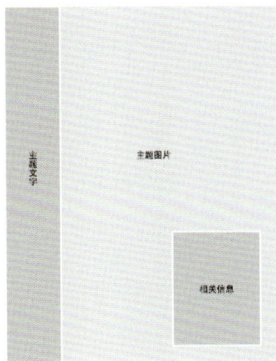

设计理念： 书籍《绿色城市》封面以扁平化的二维图像为主体，运用单纯的色彩进行了主题描述，就烘托了整体的绿色氛围，与主题相辅相成。

色彩点评： 作品中以绿色为主色调，运用互补色进行丰富画面，不仅增强了整体的视觉感染力，也强化了书籍的清新自然感。

🌍作品中运用明度的对比，与人物形象近大远小的视觉原理烘托了封面视觉元素的空间感，进而达到了人们的视觉审美需求。

✌黑色文字编排于白色背景之上，并与彩色图像左右分割，形成了一目了然的视觉特点。

RGB=255,255,255 CMYK=0,0,0,0
RGB=255,60,29 CMYK=0,87,86,0
RGB=0,113,56 CMYK=88,45,100,7
RGB=0,0,0 CMYK=93,88,89,80

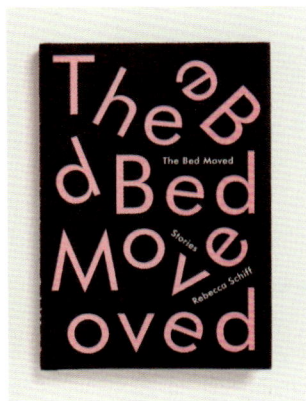

该作品在版式设计中采用了自由式构图，作品中的文字自由分散，随心但不随便，且倾斜程度、方向错落有序，给人以动感十足的视觉感受。

RGB=223,228,232 CMYK=15,9,8,0
RGB=146,212,226 CMYK=46,3,15,0
RGB=255,255,255 CMYK=0,0,0,0
RGB=49,143,49 CMYK=79,30,100,0

作品中以模糊的图片为背景，大面积文字编排均居于封面右上角，且编排自由，看似随意的编排，在无形之中形成了神秘的视觉印象，给人以无限的想象空间。

RGB=185,178,160 CMYK=33,29,37,0
RGB=186,160,145 CMYK=33,39,40,0
RGB=179,174,168 CMYK=35,30,31,0
RGB=255,255,255 CMYK=0,0,0,0
RGB184,76,38 CMYK=35,82,96,1

4.3.2　书籍中明朗的色彩

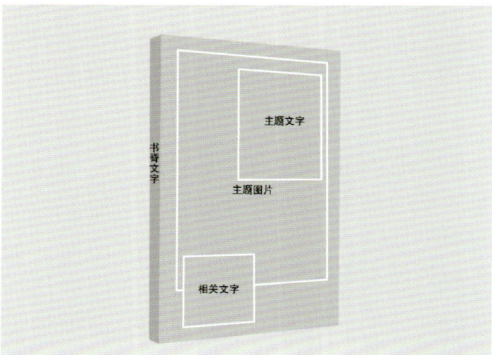

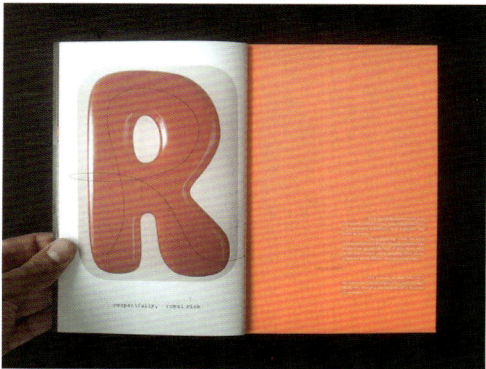

设计理念： 该作品采用了分割型构图，按照黄金分割比例，将主题图像与背景相分离，整洁的分割使其层次感分明。

色彩点评： 作品中的背景色较为淡雅，与左下角的橙色色块形成对比，形成了无比醒目的视觉效果。

🎨 封面中图片为矩形，右下角色块为圆形，棱角与圆滑的结合使封面的视觉美感更加和谐。

②书脊的橙色文字与封面的橙色色块相呼应，使其整体视觉相统一，给人以完整、和谐的感觉。

③封面中文字以白色为主，白色是干净简洁的代表色，更加烘托了书脊的清新氛围。

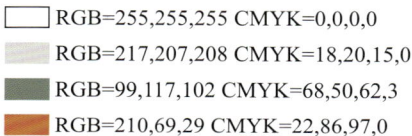

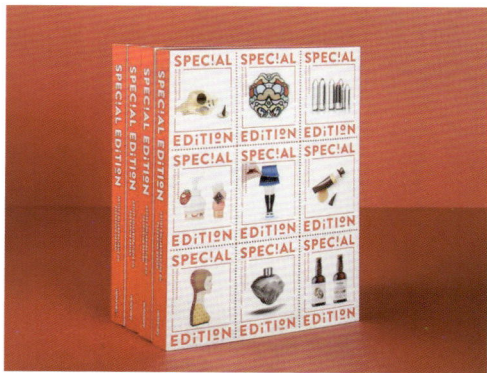

- RGB=255,255,255 CMYK=0,0,0,0
- RGB=217,207,208 CMYK=18,20,15,0
- RGB=99,117,102 CMYK=68,50,62,3
- RGB=210,69,29 CMYK=22,86,97,0

该书籍内页设计作品中以夸张的设计手法牢牢地抓住了人们的视觉心理，以夸张的色彩与图形编排引人注目，给人以强烈的视觉冲击力。

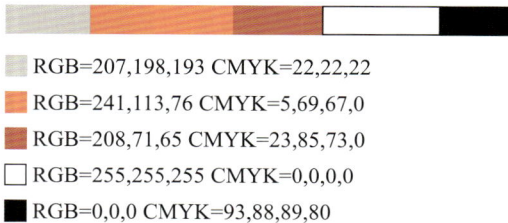

- RGB=207,198,193 CMYK=22,22,22
- RGB=241,113,76 CMYK=5,69,67,0
- RGB=208,71,65 CMYK=23,85,73,0
- RGB=255,255,255 CMYK=0,0,0,0
- RGB=0,0,0 CMYK=93,88,89,80

该书籍以白色为背景色，以商品为主题图片，并运用线的分割特性将版面的视觉元素进行规整化，进而形成了严谨、理性的视觉美感。

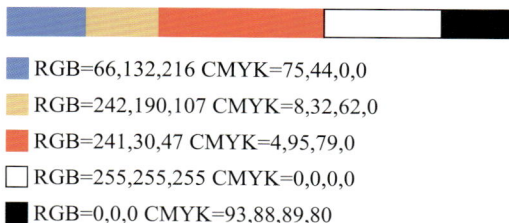

- RGB=66,132,216 CMYK=75,44,0,0
- RGB=242,190,107 CMYK=8,32,62,0
- RGB=241,30,47 CMYK=4,95,79,0
- RGB=255,255,255 CMYK=0,0,0,0
- RGB=0,0,0 CMYK=93,88,89,80

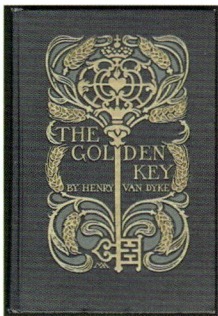

设计理念： 书籍《金钥匙》的封面以图像与文字相结合的形式为视觉中心，且位置编排巧妙合理，使封面整体视觉点统一的同时，也极具呼吸性。

色彩点评： 作品以中度纯度、低明度的青色为背景色，图像与文字均为金色，与作品"金钥匙"这一主题相辅相成，烘托了整体的皇家贵族气息。

🎨 封面中图像将文字包围，对文字进行强调，使人们的视觉点落在文字上，给人以最直观的感受。

🎨 作品采用了对称的视觉流程，规整的视觉元素增强了整体的庄严感与尊贵感。

- RGB=242,222,169 CMYK=8,15,39,0
- RGB=201,173,125 CMYK=27,34,54,0
- RGB=96,119,111 CMYK=70,50,57,2
- RGB=44,63,70 CMYK=85,71,64,32

该作品封面以多个紫色色块进行填充，色块之间运用明度对比进行层次区分，反复的视觉流程更加强化了整体的韵律感。

- RGB=185,182,213 CMYK=32,29,6,0
- RGB=146,150,198 CMYK=50,41,7,0
- RGB=46,49,68 CMYK=86,82,60,35
- RGB=204,199,144 CMYK=26,20,49,0
- RGB=0,0,0 CMYK=93,88,89,80

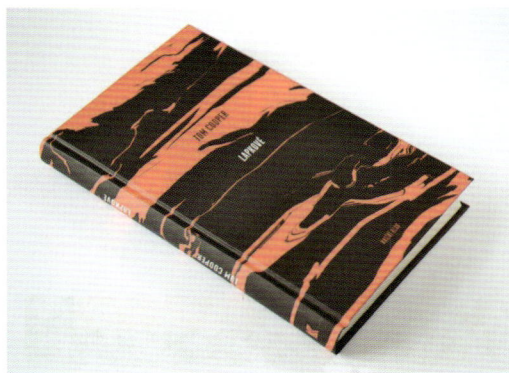

作品中以抽象的纹理填充整个书籍封面，简洁的文字说明运用了黑白对比，不仅凸显了中心思想，也增强了整洁性，烘托了书籍的时尚感。

- RGB=251,135,112 CMYK=0,61,50,0
- RGB=252,97,75 CMYK=0,76,65,0
- RGB=255,255,255 CMYK=0,0,0,0
- RGB=60,50,49 CMYK=75,75,73,45
- RGB=0,0,0 CMYK=93,88,89,80

4.3.4　增强封面立体感的设计技巧——黑、白、灰的平面构成

在设计过程中，黑、白、灰不单单指色彩的色相，也可指平面中视觉元素的明暗构成关系，黑即暗面，白即亮面，灰即元素本身色彩。任何立体感的视觉元素都具有黑、白、灰的视觉关系，因此，巧妙运用"黑、白、灰"才能营造出更加强烈的空间关系。

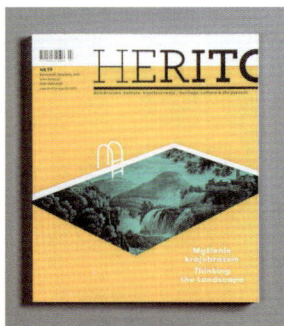

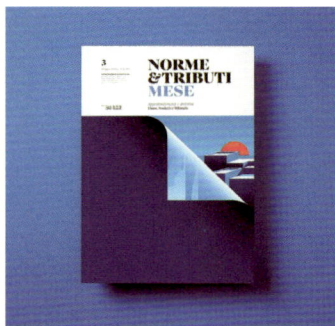

作品中的矩形元素按照平面的透视关系进行了巧妙的变形，并运用色彩的明暗对比形成了更为强烈的空间感与立体感。

该封面以明度较低的蓝色为主色调，浅蓝色为辅助色，翻开的视觉效果由阴影部分与亮面部分构成，使二维的封面设计产生了三维的立体视觉效果。

配色方案

双色配色　　　　　三色配色　　　　　四色配色

书籍装帧设计赏析

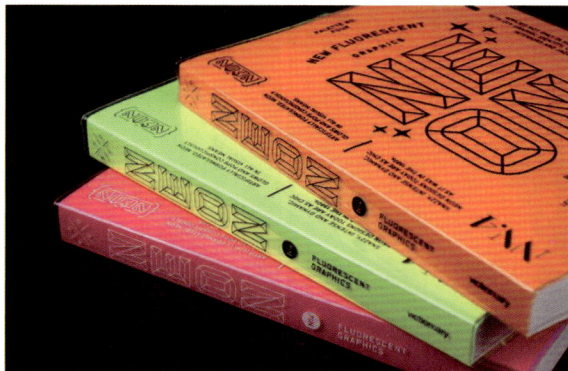

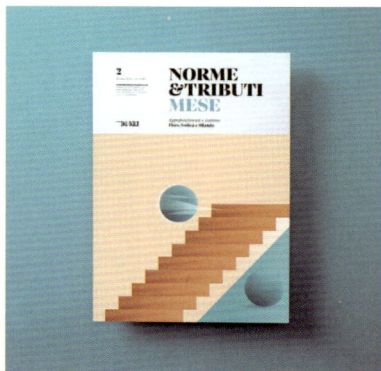

4.4 版面

　　版面即设计的平面空间，是版式设计的载体，而版式设计则指在设计过程中，对版面中的文字、标识、图形、色彩等视觉元素在遵循其设计原则的前提下，进行有机的、艺术的、合理的组合编排设计。在书籍装帧设计中，版面是必不可少的设计要素，一个好的版面设计，不但要具有新意、形美，更要注重审美情趣，使版面设计发挥如虎添翼的作用，进而增强书籍的社会价值与艺术境界。

　　版面的设计范围包括封套、护封、封面、书脊、环衬、空白页、资料页、扉页、前言、后语、目录页、版权页、书心。常用的版面设计的类型有骨骼型、满版型、重心型、对称型及自由型等，不同的版面有着不同的情感，具有较强的思想性、独创性、整体性与协调性，且遵循形式与内容相统一的原则进行设计创作。

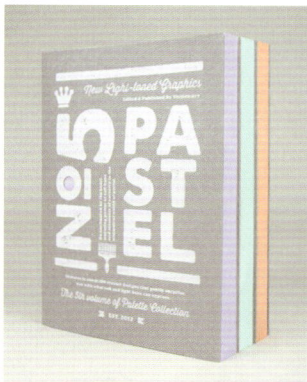

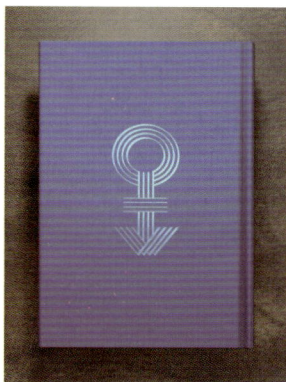

4.4.1　通过图形分割版面

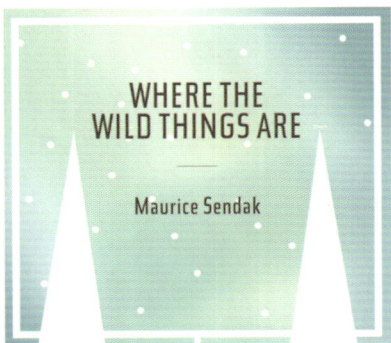

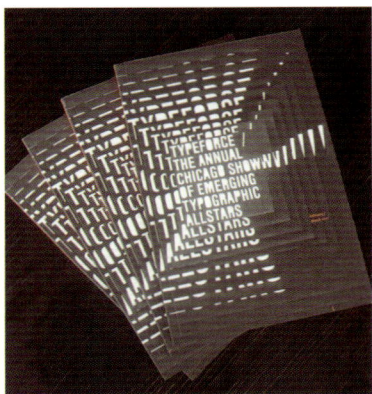

设计理念：书籍《野兽出没的地方》的封面运用了对称型的版式，文字居于中间，三角形居于两侧，左右均衡对称，形成了和谐、平稳的视觉美感。

色彩点评：封面中以清纯的青色为主色调，色彩相互交融，但色调清新自然，给人以天真可爱的样子。

🍃1 作品中白色边框的增加增强了封面的形式感的同时，也使封面形成了更为规整的理性感。

🍃2 白色三角形象征着野兽角，具有较强的形式符号。

🍃3 黑色文字与白色图形形成鲜明对比，且整体色条清新、单纯，呼应儿童绘本这一主题。

⬜	RGB=255,255,255 CMYK=0,0,0,0
🟩	RGB=212,235,209 CMYK=22,1,24,0
🟦	RGB=128,189,194 CMYK=54,14,26,0
⬛	RGB=0,0,0 CMYK=93,88,89,80

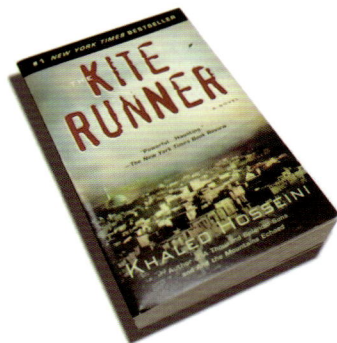

该作品在版式设计中运用了放射型构图，以文字为放射元素，并利用近大远小的视觉特点进行编排设计，使封面形成了较为强烈的空间感。

🟫	RGB=108,109,114 CMYK=66,57,50,2
⬛	RGB=87,86,91 CMYK=72,65,58,14
⬛	RGB=57,55,60 CMYK=79,75,67,39
⬜	RGB=255,255,255 CMYK=0,0,0,0
🟧	RGB=192,102,75 CMYK=31,71,71,0

该作品运用了满版型构图，以主题图片填充整个版面，文字之间主次分明，并运用了对比的设计手法增强了书籍整体的视觉冲击力。

🟩	RGB=216,230,179 CMYK=21,4,38,0
⬜	RGB=205,216,186 CMYK=25,11,31,0
🟩	RGB=97,155,133 CMYK=67,28,53,0
🟫	RGB=132,5,26 CMYK=49,100,100,25
⬛	RGB=0,0,0 CMYK=93,88,89,80

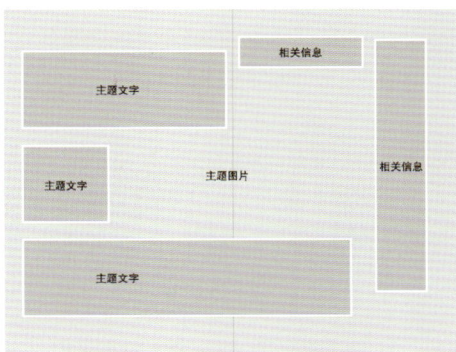

设计理念： 该内页以单色色调的图片为背景，且填充整个版面，形成了满版型构图，给人以饱满的视觉感受。

色彩点评： 背景图片色调和谐统一，橙色文字的融入增强了整体的活跃气氛，避免了颜色过于单一的乏味感。

① 该内页虽被分为左右两部分，但其图片与文字的编排贯穿整个版面，形成了完整统一的视觉感。

② 页面中右侧的文字编排整齐有序，增强了版面的理性感，与橙色的活跃形成对比，从而突出设计主题。

- RGB=255,255,255 CMYK=0,0,0,0
- RGB=247,144,94 CMYK=15,31,36,0
- RGB=207,214,206 CMYK=23,13,20,0
- RGB=57,55,60 CMYK=79,75,67,39

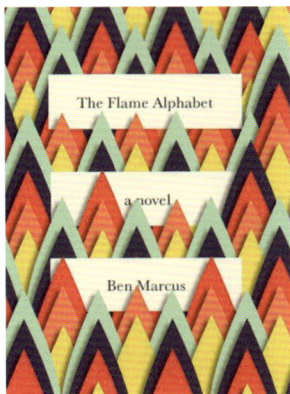

作品中运用了满版型构图，细节丰富、视觉饱满，色彩的强烈对比在反复的视觉流程下，不仅韵律感十足，还具有较强的视觉吸引力。

- RGB=252,243,212 CMYK=3,6,22,0
- RGB=252,214,7 CMYK=7,19,88,0
- RGB=235,27,49 CMYK=8,95,79,0
- RGB=168,212,159 CMYK=41,4,47,0
- RGB=1,44,79 CMYK=100,91,56,26

作品运用了自由型构图，以渐变的色彩为背景色，整体色调偏灰，具有较强的复古感，文字之间自由编排，使封面形成了较为活跃的气氛。

- RGB=255,100,72 CMYK=0,75,67,0
- RGB=175,211,197 CMYK=37,8,27,0
- RGB=255,255,255 CMYK=0,0,0,0
- RGB=157,136,133 CMYK=46,48,43,0
- RGB=1,14,33 CMYK=100,94,71,63

4.4.3 通过文字分割版面

设计理念：该杂志内页在版面设计中运用了骨骼型构图，上图下文，条理清晰，给人以理性、规整的视觉感受。

色彩点评：该作品以黑、白、灰为主色调，白色为背景，可以更好地衬托版面内容，黑色文字具有一目了然的视觉特征，灰色色块起到规整文字的作用，使其内容更为理性化。

🎨 作品中段落文字之间间隔相同，不仅具有规整统一的视觉感受，同时也具有较强的韵律感。

🎨 版面红色文字的点缀活跃了整体气氛，但不影响版面整体的理性感。

🎨 作品中留白部分使页面增强了版面的呼吸性，避免了文字过于紧凑的紧张感。

- RGB=255,255,255 CMYK=0,0,0,0
- RGB=230,231,233 CMYK=12,9,7,0
- RGB=27,60,85 CMYK=93,79,54,22
- RGB=0,0,0 CMYK=93,88,89,80

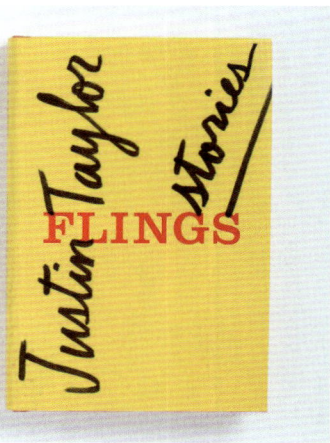

该书籍以明亮的黄色为主色调，以红色为主体文字，黑色字体呈倾斜的视觉流程，增强了整体的活跃感，且沉稳了整个画面。

- RGB=249,214,0 CMYK=8,18,89,0
- RGB=236,0,0 CMYK=7,98,100,0
- RGB=0,0,0 CMYK=93,88,89,80

该作品的装帧设计运用色彩对比且依据黄金分割比例进行分割，使封面形成了和谐、舒适的美感。

- RGB=198,199,203 CMYK=26,20,17,0
- RGB=119,107,109 CMYK=62,59,53,3
- RGB=0,0,0 CMYK=93,88,89,80
- RGB=255,255,255 CMYK=0,0,0,0
- RGB=202,136,13 CMYK=27,53,99,0

4.4.4　骨骼型版面

　　骨骼型是规范的、理性的分割方式。骨骼的基本原理是将版面刻意按照骨骼的规则，有序地分割成大小相等的空间单位。骨骼型可分为竖向通栏、双栏、三栏、四栏等，且大多版面都应用竖向分栏。在版面文字与图片的编排上，严格按照骨骼分割比例进行编排，给人以严谨、和谐、理性、智能的视觉感受。

　　设计理念：文字信息严格按照骨骼的分割比例进行编排，给人以规矩、理智的视觉感受。

　　色彩点评：蓝色在商业领域中强调科技、创新、效率，具有理智、准确的意向。蓝与白搭配使用，使画面的科技感更加强烈，迎合了主题方向。

　　❶版面标题效果创意独特，将左上角做出阳光散射的效果，使画面产生了较强的空间感。

　　❷运用黄金比例将右侧进行分割，使其层次分明。

　　❸图文并茂，色调统一，字体的大、小形成对比，强调了版面的主次关系。

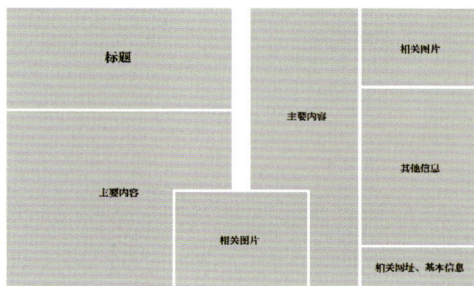

　　RGB=255,255,255 CMYK=0,0,0,0
　　RGB=216,229,246 CMYK=18,8,1,0
　　RGB=24,71,159 CMYK=94,78,7,0
　　RGB=0,0,0 CMYK=93,88,89,80

　　版面中图片呈倾斜状，使版面充满动感，文字大小形成对比，主次分明，给人以醒目的视觉感受。

■ RGB=208,140,88 CMYK=24,53,67,0
■ RGB=84,94,164 CMYK=76,65,13,0
　 RGB=229,228,234 CMYK=12,10,6,0
□ RGB=255,255,255 CMYK=0,0,0,0
■ RGB=0,0,0 CMYK=93,88,89,80

　　该杂志页面的主图夸张、饱满，给人以强烈的视觉感受，版面的文字通过间隔颜色的编排，增强了整体的节奏感与活跃感。

■ RGB=244,120,22 CMYK=4,66,91,0
■ RGB=241,77,65 CMYK=4,83,70,0
■ RGB=228,5,132 CMYK=13,95,12,0
□ RGB=255,255,255 CMYK=0,0,0,0
■ RGB=0,0,0 CMYK=93,88,89,80

4.4.5 对称型版面

对称是一个永恒的形式。对称型的构图方式分绝对对称型与相对对称型，绝对对称即上下左右两侧是完全一致的，且其图形是完美的；相对对称即元素上下左右两侧略有不同，但无论横版还是竖版，版面中都会有一条中轴线。对称型构图即版面以画面中心为轴心，进行上下或左右对称编排。但多数采用相对对称型构图，为避免版面过于严谨。

设计理念：该杂志对页在图形外轮廓上运用了绝对对称的构图形式，使版面既均衡又理性。

色彩点评：作品整体色调较为朴素，以低纯度高明度的色彩为背景色，运用黑色文字沉稳画面，运用红、蓝亮色的对比增强整体视觉冲击力。

🔵作品中左页的蓝色色块与红色色块相对对称，且色相反差较大，不仅增强了视觉感染力，同时增添了版面的趣味性。

🔴右页红色的点缀与左页相互呼应，形成了完整统一的视觉美感。

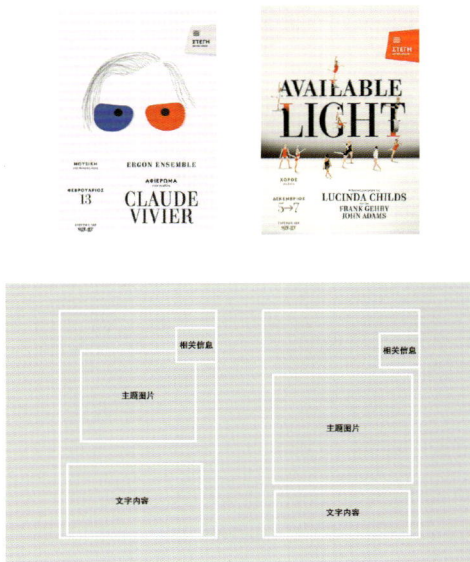

- RGB=255,255,255 CMYK=0,0,0,0
- RGB=3,80,180 CMYK=93,71,0,0
- RGB=245,21,1 CMYK=2,96,99,0
- RGB=0,0,0 CMYK=93,88,89,80

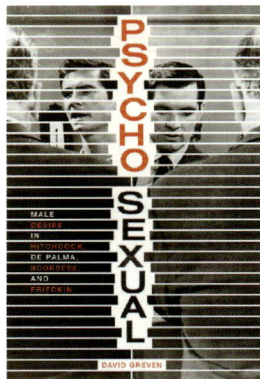

作品中以主题文字为对称轴，使版面左右相对对称，"线"的反复的视觉流程增强了书籍整体的朦胧感与神秘感。

- RGB=226,57,28 CMYK=13,90,94,0
- RGB=175,174,172 CMYK=37,29,29,0
- RGB=78,79,73 CMYK=73,65,68,24
- RGB=255,255,255 CMYK=0,0,0,0
- RGB=1,14,33 CMYK=100,94,71,63

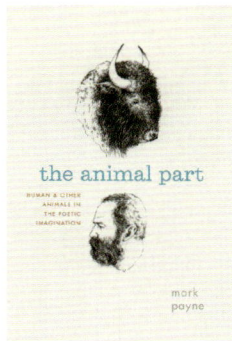

作品中的图像以主题文字为对称轴，形成了上下相对对称的构图形式，相关文字的编排分别于对称轴下方，形成了稳重的视觉感受。

- RGB=255,100,72 CMYK=0,75,67,0
- RGB=175,211,197 CMYK=37,8,27,0
- RGB=255,255,255 CMYK=0,0,0,0
- RGB=157,136,133 CMYK=46,48,43,0
- RGB=1,14,33 CMYK=100,94,71,63

4.4.6 分割型版面

分割即版面上下或左右或任意形式分为两部分或多部分，多以文字图片相结合，图片部分感性而不失活力，文字部分理性而又文雅；左右分割即版面分割为两部分或多部分，为保证版面平衡、稳定，可将文字图形相互穿插，不失美感的同时保持了重心平稳。

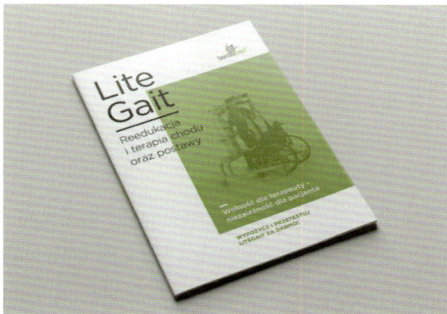

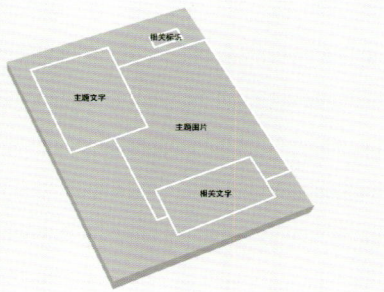

设计理念： 这是关于康复科的书籍装帧设计作品，作品中以康复器材为主题图片，且文字位于左上角留白位置，给人以明确的视觉点。

色彩点评： 以亮灰色为背景色，绿色为主体色，象征着健康、安全、环保，进而增强其设计目的。给人们以更强烈的安全感。

🎨 留白的设计手法给人以足够的想象空间，且增强了书籍整体的层次感。

🎨 康复器材与绿色色块相结合，更加强化了其主题目的。

■ RGB=166,186,127 CMYK=42,19,58,0
■ RGB=107,131,69 CMYK=66,42,87,0
■ RGB=213,213,213 CMYK=19,15,14,0
■ RGB=71,71,71, CMYK=75,69,66,28

柔和的色调给人以舒适的感觉，版面中文字与图片形成左右分割，文字的穿插保持了版面重心平稳，使整体形成了既理性又感性的视觉效果。

■ RGB=240,237,220 CMYK=8,7,16,0
■ RGB=160,146,107 CMYK=45,42,62,0
■ RGB=222,90,34 CMYK=16,77,91,0
□ RGB=255,255,255 CMYK=0,0,0,0
■ RGB=0,0,0 CMYK=93,88,89,80

作品中以白色为背景色，且与图片呈分割的构图形式，文字颜色与图片素材相辅相成，并运用留白的设计手法形成了和谐统一的形式美感。

■ RGB=98,121,111 CMYK=69,49,57,2
■ RGB=197,90,8 CMYK=29,76,100,0
■ RGB=230,196,159 CMYK=13,27,39,0
□ RGB=255,255,255 CMYK=0,0,0,0
■ RGB=69,72,65 CMYK=75,66,71,30

4.4.7 满版型版面

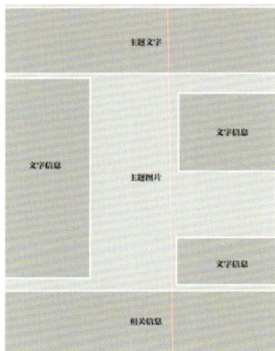

满版式构图即以图像充满整个版面，文字可放置在版面各个位置，版面主要以图片来传达主题信息，通过最直观的表达方式，向众人展示其主题思想。同时图片与文字相结合，使版面图文并茂并富有层次感的同时，也增强了版面主题传达力度及版面宣传力度，是商业类版面设计常用的构图方式。

设计理念： 版面构图饱满，两侧文字的放置，稳定了整体画面的同时，也增强了版面的层次感。整体色调统一，给人以大气、舒展的视觉感受。

色彩点评： 版面整体色调为暖色调，主色调为红色，人物形象、妆容与整体色调一脉相承，尽显了女性的妩媚与性感。

🔴 作品为时尚类杂志封面，被誉为"时尚圣经"。

🔴 作品版式饱满，主题明确。

🔴 用色大胆，整体色感透露着浓郁的时尚气息。多种字体的使用增强了版面的艺术氛围。

⬜	RGB=255,255,255 CMYK=0,0,0,
🟨	RGB=252,216,0 CMYK=7,18,89,0
🟥	RGB=233,22,39 CMYK=9,96,86,0
⬛	RGB=0,0,0 CMYK=93,88,89,80

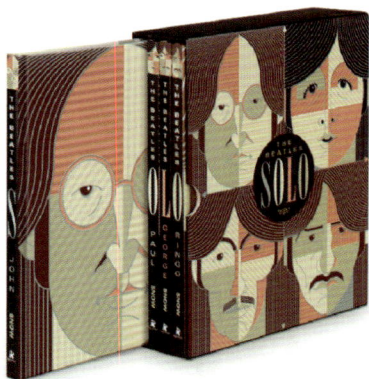

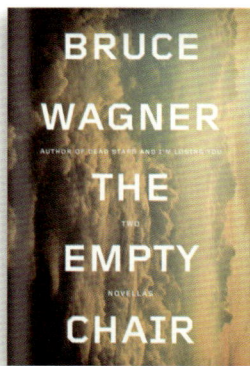

作品中以图形为主，并运用四个由图形组成的人物形象填满整个版面，层次感十足的同时也形成了较为强烈的视觉饱满感。

🟫	RGB=230,220,185 CMYK=13,14,31,0
🟫	RGB=176,173,132 CMYK=38,29,52,0
🟧	RGB=201,110,79 CMYK=27,67,69,0
🟥	RGB=88,23,29 CMYK=58,96,86,48
⬛	RGB=0,0,0 CMYK=93,88,89,80

作品中以摄影图像为背景，且色彩冷暖并存，白色的字体在相对较暗的图层上显得格外清晰，给人以一目了然的视觉感受。

🟨	RGB=236,202,139 CMYK=11,25,50,0
🟫	RGB=193,157,97 CMYK=31,41,67,0
🟩	RGB=160,167,125 CMYK=45,30,56,0
⬜	RGB=255,255,255 CMYK=0,0,0,0
🟫	RGB=73,65,52 CMYK=71,68,78,37

曲线型构图就是将版面中通过对线条、色彩、形体、方向等有限的视觉元素在编排结构上进行有规律的变化、编排，将文字、图片做曲线的分割或编排构成，使人的视觉流程按照曲线的走向流动，具有延展、变化的特点，进而产生韵律感与节奏感。曲线型版式设计具有流动、活跃、顺畅、轻快的视觉特征，且遵循美的原理法则，具有一定的秩序性，进而形成雅致、流畅的视觉感受。

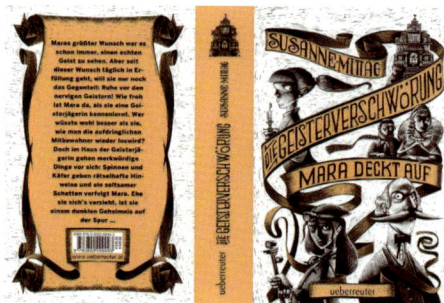

设计理念：该书籍装帧的前后版面均运用飘带元素贯穿整个版面，使其形成曲线的构图形式，不仅活跃了整个画面，同时为书籍增添了柔美的视觉情感。

色彩点评：该书籍装帧以橙色为主色调，并运用黑色与白色的搭配使书籍情感更为浓厚。

🔴 书籍封面中的飘带元素贯穿整个版面，不仅饱满了画面，还增强了书籍的完整性。

🟢 封面中运用色彩的明暗形成了渐变的视觉效果，进而产生了较强的空间感。

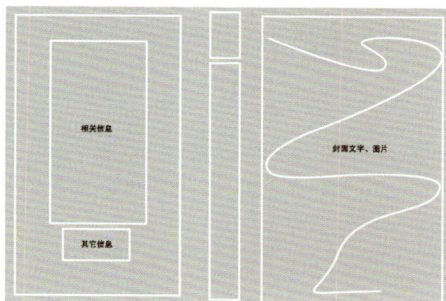

- ⬜ RGB=255,255,255 CMYK=0,0,0,0
- 🟧 RGB=242,159,63 CMYK=7,48,78,0
- ⬛ RGB=134,139,143 CMYK=55,43,39
- ⬛ RGB=0,0,0 CMYK=93,88,89,80

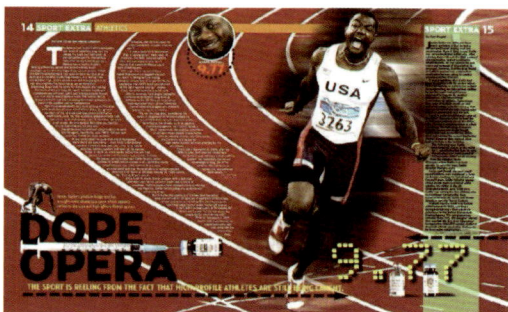

操场的赛道使版面形成曲线的视觉流程，奔跑的人物形象有着动感模糊的视觉效果，有着冲刺、速度的视觉特征。

- 🟨 RGB=255,255,87 CMYK=9,0,70,0
- 🟩 RGB=160,170,84 CMYK=46,27,77,0
- 🟥 RGB=173,43,29 CMYK=39,95,100,5
- ⬜ RGB=255,255,255 CMYK=0,0,0,0
- ⬛ RGB=0,0,0 CMYK=93,88,89,80

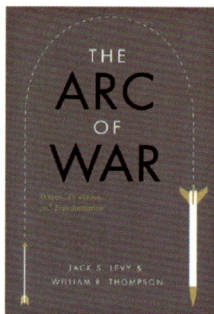

作品中以曲线为图像的运动轨迹，并以静态的文字相结合，形成了动静结合的形式美感。

- 🟨 RGB=192,152,51 CMYK=32,43,88,0
- 🟩 RGB=111,126,86 CMYK=64,46,74,3
- 🟦 RGB=31,90,104 CMYK=89,62,54,10
- ⬜ RGB=255,255,255 CMYK=0,0,0,0
- ⬛ RGB=0,0,0 CMYK=93,88,89,80

4.4.9 倾斜型版面

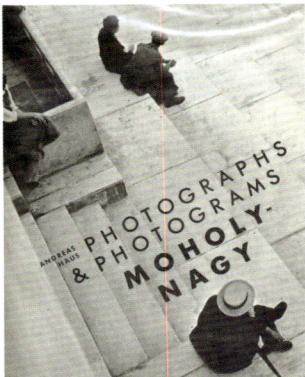

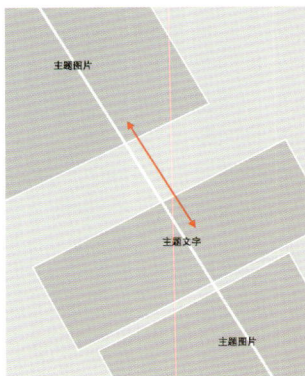

倾斜型构图即将版面中的主体形象或图像、文字等视觉元素按照斜向的视觉流程进行编排，使版面产生强烈的动感和不安定感，是一种非常个性的构图方式，引人注目。倾斜程度与版面主题以及版面中图像的大小、方向、层次等视觉因素可决定版面的动感程度。在运用倾斜型构图时，要根据主题内容来掌控版面元素倾斜程度与重心。

设计理念：对角的构图形式使封面形成了倾斜的构图形式，且文字的编排与图像的倾斜方向相反，给人以既活跃又平稳的视觉感受。

色彩点评：封面中以单色图像填满整个版面，且色调偏冷，与黑色的文字相互搭配，与书籍主题方向相呼应，具有较强的形式美感。

🔴图像的人物形象分别坐在各个阶层的台阶上，且近大远小，具有较强的空间感。

🟢文字的编排理性、规整，与图像相结合，形成了较为清晰的层次关系。

□ RGB=255,255,255 CMYK=0,0,0,0
▨ RGB=173,179,145 CMYK=39,25,47,0
▨ RGB=150,140,128 CMYK=48,44,48,0
■ RGB=0,0,0 CMYK=93,88,89,80

主题文字的倾斜与人物形象的动势相呼应，文字信息的编排随心但不随便，具有较强的时尚气息与动感美。

▨ RGB=251,232,218 CMYK=2,13,15,0
▨ RGB=225,217,206 CMYK=15,15,19,0
□ RGB=255,255,255 CMYK=0,0,0,0
■ RGB=0,0,0 CMYK=93,88,89,80

作品中的文字块整体呈倾斜的视觉流程，而文字均按照骨骼型进行编排，形成了既理性又充满动感的视觉感受。

▨ RGB=254,242,0 CMYK=82,86,0
▨ RGB=237,27,.36 CMYK=7,95,88,0
▨ RGB=126,40,47 CMYK=51,93,82,25
□ RGB=255,255,255 CMYK=0,0,0,0
■ RGB=0,0,0 CMYK=93,88,89,80

放射型构图即按照一定的规律，将版面中的大部分视觉元素从版面中某点向外散射，可以营造出较强的空间感与视觉冲击力，这样的构图方式称为放射型，也叫聚集式构图。放射型构图有着由外而内的聚集感与由内而外的散发感，可以使版面视觉中心强化突出。

设计理念： 该作品以人物形象为重心点，其放射元素编排于人物素材周围，使其视觉重心点更为突出，起到点明主题的作用。

色彩点评： 封面中以洋红色为背景色，黄色为主体色，青色为点缀色，色彩鲜明，具有明快、活泼的视觉感受。

🔴封面中放射元素与人物形象"挎包"的图案相互呼应，具有较强的贯穿性与完整性。

🔵封面整体左右相对对称，进而形成了稳重、均衡的视觉美感。

⬜ RGB=255,255,255 CMYK=0,0,0,0
🟨 RGB=255,222,0 CMYK=6,15,88,0
🟩 RGB=156,218,193 CMYK=44,0,33,0
🟥 RGB=239,8,115 CMYK=5,95,27,0

封面中的放射元素由外而内，使读者视线由外向内聚集于封面中心的视觉元素，具有较强的向导性，同时强化了封面的视觉重心点。

⬜ RGB=225,224,229 CMYK=14,12,8,0
🟨 RGB=187,160,130 CMYK=33,39,49,0
🟧 RGB=177,118,58 CMYK=38,60,85,1
🟩 RGB=89,149,53 CMYK=71,29,99,0
⬛ RGB=67,63,64 CMYK=76,71,67,34

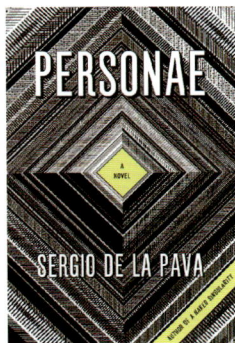

作品中以"点"、"线"、"面"为放射元素，以封面中心的黄色色块为放射点进行由内而外的编排设计，具有较强的空间感与深邃感。且黄色的点缀增强了封面整体的活跃度与形式美感。

🟨 RGB=247,240,87 CMYK=11,3,72,0
⬜ RGB=255,255,255 CMYK=0,0,0,0
⬜ RGB=136,134,135 CMYK=54,46,42,0
⬛ RGB=78,76,77 CMYK=73,68,64,23
⬛ RGB=0,0,0 CMYK=93,88,89,80

4.4.11 三角形版面

三角形构图即主题视觉元素被放置在版面中的三个重要位置，使之形成三角形。在所有图形中，三角形是极具稳定性的图形。三角形构图可分为正三角、倒三角和斜三角三种构图方式，三种构图方式有着截然不同的视觉特征，正三角形构图使版面稳定感、安全感十足，而倒三角形与斜三角形则使版面形成不稳定因素，给人以充满动感的视觉感受。为避免过于严谨，因此斜三角最为常用。

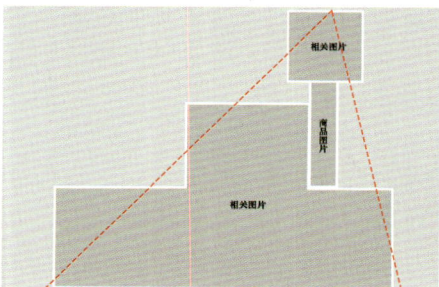

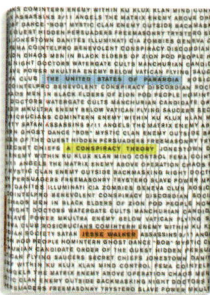

设计理念：作品以海为背景，坐在沙发上的美女手托产品，将产品置于黄金分割点，酒瓶里飘出一个男人，形成三角形构图，体现了产品的浪漫气息的同时，给人一种严谨、稳定的视觉感受。

色彩点评：作品以冷色调的大海为背景，人物形象为暖色调，光鲜亮丽，形成鲜明对比，体现了产品感性、浪漫的特征。

① 严谨、稳定的构图，使版面情趣感十足。

② 背景偏灰，前景偏亮，增强了空间感与层次感。

③ 商品位于黄金分割点，形成醒目的视觉感受。

RGB=245,238,223 CMYK=5,8,14,0

RGB=90,53,47 CMYK=62,79,77,39

RGB=151,19,24 CMYK=45,100,100,15

RGB179,25,82 CMYK=28,99,56,1

该书籍在装帧设计中以文字填充整个封面，并运用三原色色条强化主题文字，使其更为突显，且形成了倒三角的视觉特征，具有较强的动感。

RGB=133,207,242 CMYK=50,6,5,0

RGB=238,132,70 CMYK=7,61,73,0

RGB=248,233,26 CMYK=10,7,86,0

RGB=245,246,241 CMYK=5,3,7,0

RGB=0,0,0 CMYK=93,88,89,80

作品封面的设计元素具有较强的立体感，且色彩搭配具有较强的形式美感，给人以耳目一新的视觉感受。

RGB=199,200,202 CMYK=26,19,18,0

RGB=143,205,230 CMYK=47,8,10,0

RGB=189,215,128 CMYK=34,6,60,0

RGB=235,31,56 CMYK=8,95,74,0

RGB=99,28,26 CMYK=55,94,94,42

4.4.12 自由型版面

自由型构图是没有任何限制的版式设计，即在版面构图中不遵循任何规律，对版面中的可视元素进行宏观把控，随意但不随便的编排，需要准确地把握整体协调性，使版面产生活泼、轻快、多变的视觉特征，具有不拘一格的特点，是最能够展现创意的构图方式。

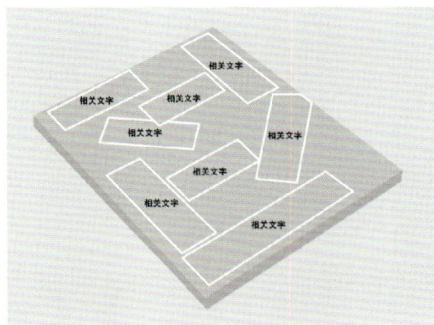

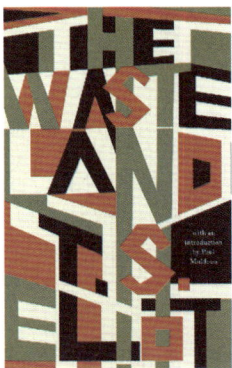

设计理念：作品封面以文字为主，自由的编排设计与色块相搭配，使其形成了自由随性但不随便的艺术美感。

色彩点评：封面中以白色为背景色，色块颜色均为对比色、互补色，明快的色彩具有较强的视觉冲击特点，进而增强了书籍的视觉效果。

❶文字颜色与色块颜色相辅相成，均衡的配色具有完整统一的视觉效果。

❷封面中的黄色与绿色色块相互平行，在无形之中形成了较强的节奏感与韵律感。

- RGB=232,200,0 CMYK=16,23,92,0
- RGB=245,50,1 CMYK=1,90,99,0
- RGB=8,139,115 CMYK=82,32,64,0
- RGB=1,20,83 CMYK=100,100,60,22

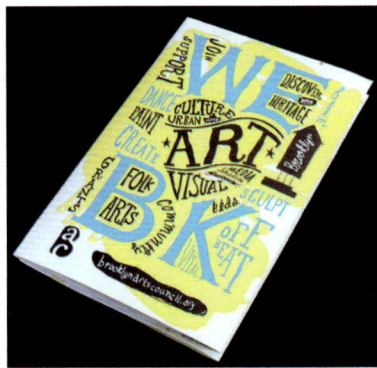

封面中将文字作为主要视觉元素，并形成了饱满的视觉特征，同时互补色的应用强化了书籍的艺术形式感。

- RGB=241,240,216 CMYK=8,5,19,0
- RGB=222,218,198 CMYK=16,14,24,0
- RGB=186,86,51 CMYK=34,78,87,1
- RGB=99,118,82 CMYK=68,49,76,5
- RGB=51,50,47 CMYK=78,73,74,47

作品中的文字大小、粗细形成鲜明对比，主次关系清晰、明确，避免了文字过多的杂乱现象，反而具有较强的视觉美感。

- RGB=138,153,176 CMYK=52,37,23,0
- RGB=254,244,50 CMYK=81,80,0
- RGB=0,194,252 CMYK=68,4,1,0
- RGB=255,255,255 CMYK=0,0,0,0
- RGB=0,0,0 CMYK=93,88,89,80

4.4.13　重心型版面

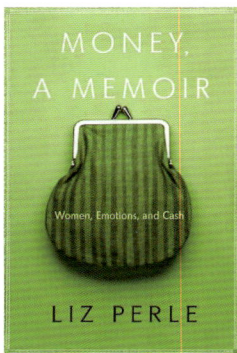

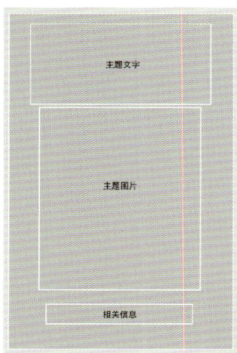

重心型构图即按照人们的浏览习惯，以某重要视觉元素为视觉重心点进行编排设计，使其更为突出，并形成聚焦点，增强书籍的视觉吸引力。与此同时，在版面设计中，重心型构图可分为中心、向心与离心三种。且不同的形式有着不同的视觉感受。

设计理念： 书籍《金钱，回忆录》的封面以钱包为视觉重心点，是象征书籍主题的视觉符号，给人以一目了然的视觉感受。

色彩点评： 作品中以由浅到深的渐变绿色为背景色，且主题图片颜色同为绿色，整体色调和谐统一，具有较强的立体感与层次感。

🎨①作品中白色与黑色的文字搭配与渐变背景的深、浅相互呼应，进而使封面形成了上轻下重的视觉感受，具有较强的沉稳感。

🎨②同类色的应用使封面中的视觉元素形成了层次感十足的视觉效果。

- RGB=255,255,255 CMYK=0,0,0,0
- RGB=68,110,29 CMYK=78,48,100,11
- RGB=68,110,29 CMYK=78,48,100,11
- RGB=0,0,0 CMYK=93,88,89,80

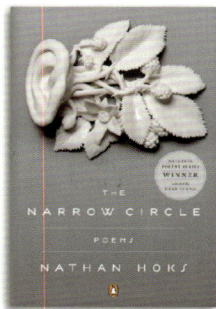

作品中以立体图像为版面重心点，且视觉元素均以"耳朵"为中心，向外扩散，形成了饱满的立体效果，给人以一目了然的视觉感受。

- RGB=252,146,28 CMYK=0,55,87,0
- RGB=193,194,198 CMYK=28,22,18,0
- RGB=210,205,202 CMYK=21,18,18,0
- RGB=255,255,255 CMYK=0,0,0,0
- RGB=0,0,0 CMYK=93,88,89,80

作品中以做旧的象牙白为背景色，并运用凸印的印刷形式使封面产生了较强的立体效果，且黑色剪影头像的方向与白色凸印相向，具有较强的艺术形式感。

- RGB=232,231,226 CMYK=11,9,11,0
- RGB=207,207,199 CMYK=23,17,21,0
- RGB=237,232,212 CMYK=9,9,19,0
- RGB=218,213,193 CMYK=18,16,26,0
- RGB=0,0,0 CMYK=93,88,89,80

4.4.14 增强书籍装帧活跃度的设计技巧——斜向的视觉流程

斜向的视觉流程即将版面中的视觉元素按照倾斜的方式进行编排设计，使之产生极具动感的视觉感受，呈斜向的视觉元素通常会改变视觉重心，且具有较强的不稳定因素，因此能产生较强的视觉冲击力，进而吸引人们的视线，增强版面视觉效果。

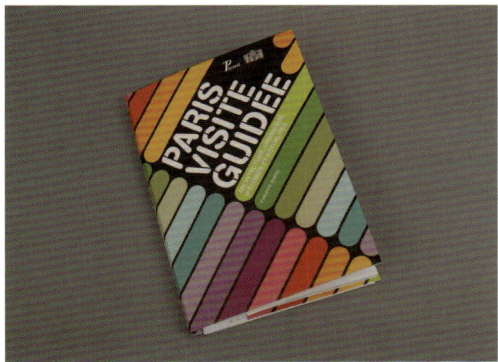

作品中巧妙地运用了点线面的视觉特征使版面形成了和谐、饱满的形式美感，虽呈倾斜角度，但元素之间规整平行，具有既活跃又理性的特点。

作品中以文字为主，并运用色彩及大小的对比使其主次分明，文字与文字之间的相互叠压也增强了书籍的层次感与细节感。

配色方案

双色配色

三色配色

四色配色

书籍装帧设计赏析

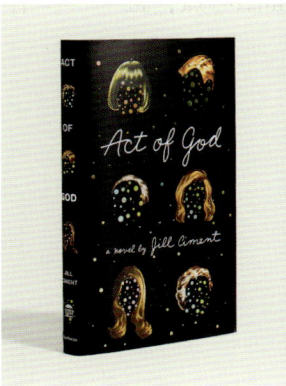

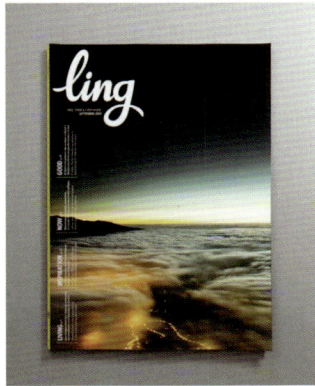

4.5 图形

　　图形即在二维空间内可以用轮廓或线条对空间进行形状划分，形成图绘形象，是几何平面图形的简称。也可称之为描画出物体的轮廓、形状或外部的界限，由此可知，图形具有较强的局限性。图形与图像具有相似之处，但图形多为矢量图，即由计算机绘制而成的矩形、圆形、线条或图表等二维平面视觉元素，而图像多指通过某种设备对实际现象进行捕捉所得到的影像。而对于书籍装帧设计，其图形的应用是必不可少的视觉要素之一，且多运用反复的视觉流程与分割型构图进行编排设计，使作品产生较强的形式感与视觉感染力。图形具有较强的可塑性，在设计过程中，设计者可通过书籍内容的情感方向对图形进行相应的创作设计，使其全面为书籍装帧服务，从而展现书籍内涵，给读者留下极具美感的视觉印象。

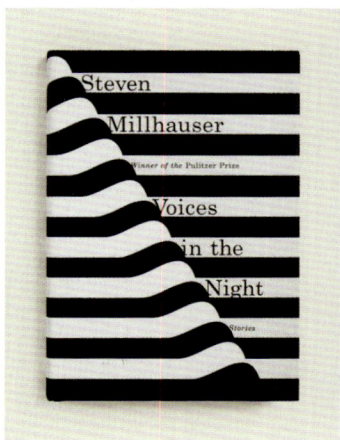

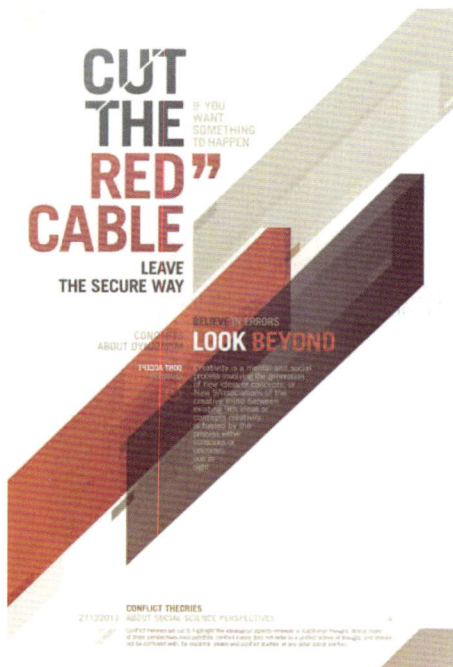

设计理念：该封面以图像填充圆形，并作为视觉中心点，环形的设计具有集聚视线的作用，使人一眼定位于书籍本身，进而增强了书籍的视觉效果。

色彩点评：作品以近白色的灰色为背景色，并运用红色、蓝色形成鲜明对比，给人以强烈的视觉冲击。

封面的重心点位于画面的黄金分割点处，其位置和谐、舒适，且红色圆点与左下角红色文字相呼应，使作品达到视觉统一的美感。

封面中的图形与文字的巧妙搭配形成了简洁、大方的视觉感受，虽简洁但不失细节，正是该作品的点睛之处。

RGB=214,218,229 CMYK=19,13,7,0

RGB=249,61,53 CMYK=0,87,75,0

RGB=93,156,230 CMYK=65,33,0,0

RGB=57,57,93 CMYK=87,85,49,15

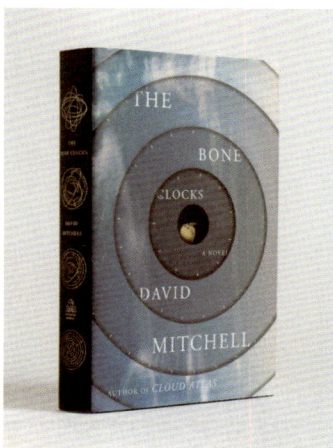

该书籍装帧作品以环形填满整个版面，其文字的编排均围绕环形的轮廓线进行编排设计，在无形之中形成了一种规律、活跃的视觉感受。

RGB=196,163,122 CMYK=29,39,54,0

RGB=146,158,172 CMYK=49,35,27,0

RGB=51,101,138 CMYK=84,60,35,0

RGB=255,255,255 CMYK=0,0,0,0

RGB=0,0,0 CMYK=93,88,89,80

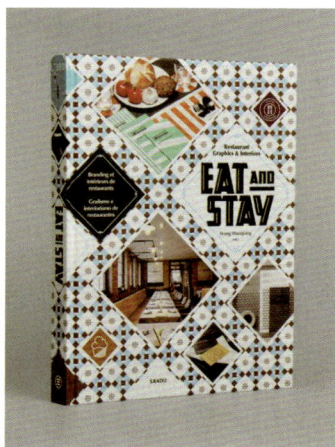

作品中的图像均填充于矩形图形之中，且相互平行，并利用图形的大、小形成了较为明显的主次关系，给人以一目了然的视觉感受。

RGB=217,217,215 CMYK=18,13,14,0

RGB=153,188,210 CMYK=24,19,14,0

RGB=123,200,168 CMYK=55,3,44,0

RGB=217,81,33 CMYK=18,81,93,0

RGB=0,0,0 CMYK=93,88,89,80

4.5.2 不规则图形

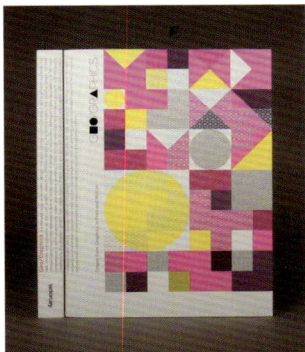

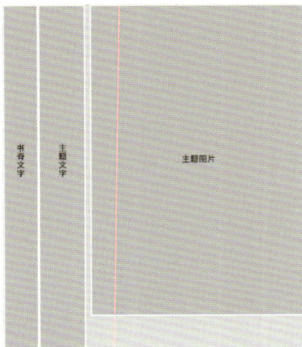

设计理念：该封面在设计中，巧妙运用了"面"的分割特性使其形成分割型构图，且主图以多种几何图形拼接而成，多而不乱，具有较强的独创性。

色彩点评：以灰色为底色，主体图片色彩明亮，同类色的应用，增强了书籍整体的层次感，给人留下细节饱满的视觉印象。

① 色块与色块之间拼接规整，且棱角分明，形成了坚硬、理性的视觉美感。

② 圆形的编排缓解了封面过于坚硬的氛围，增强了书籍的圆滑程度，给人以更加和谐、舒适的视觉感受。

RGB=212,211,207 CMYK=20,16,17,0
RGB=238,213,34 CMYK=14,17,87,0
RGB=254,66,171 CMYK=5,82,0,0
RGB=71,45,74 CMYK=78,89,55,28

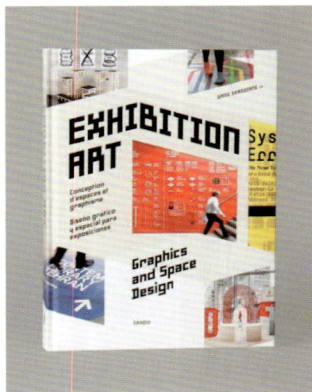

该作品在设计中，巧妙运用了透视关系将视觉元素按照斜向的视觉流程进行编排，使之在二维平面内形成较强的立体空间感。

RGB=239,238,247 CMYK=8,7,3,0
RGB=252,219,26 CMYK=7,16,86,0
RGB=228,33,49 CMYK=12,95,80,0
RGB=49,143,49 CMYK=79,30,100,0
RGB=0,0,0 CMYK=93,88,89,80

分割型构图充分运用图形边缘的分割特点，使图像之间按照图形的边缘进行拼接编排设计，饱满的视觉效果给人以足够的想象与浏览空间。

RGB=218,218,216 CMYK=17,13,14
RGB=157,188,206 CMYK=44,20,16,0
RGB=122,199,167 CMYK=56,4,44,0
RGB=197,104,37 CMYK=29,70,94,0
RGB=0,0,0 CMYK=93,88,89,80

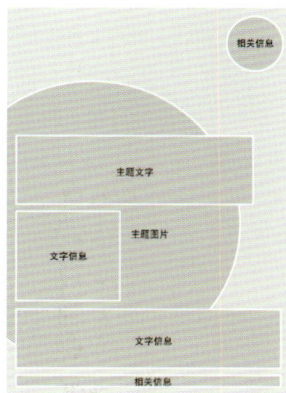

设计理念： 简洁的封面中，通过在左下方设置较大的半圆图形，并在右上方设置较小的半圆图形，两者之间产生了呼应，使封面形成了简约而不简单的视觉效果。

色彩点评： 作品中以白色为背景色，更好地衬托了版面中的视觉元素，且与黑色文字搭配，使封面情感方向更为一目了然。同时蓝色色块的融入，为封面添加一抹亮色，起到了画龙点睛的作用。

🎨1 封面下方的段落文字编排有序，且间隔相同，增强了书籍装帧设计的节奏感与韵律感。

🎨2 右上角的文字标识虽然不大，但其存在的位置不容观者忽视，不仅起到文字说明的作用，更起到了均衡画面的作用。

- RGB=255,255,255 CMYK=0,0,0,0
- RGB=116, CMYK=15,31,36,0
- RGB=48,122,132 CMYK=81,46,47,0
- RGB=0,0,0 CMYK=93,88,89,80

该封面中对比色的应用恰到好处，为白色背景与黑色文字增强了艺术氛围，且提升了画面整体的视觉感染力。

- RGB=243,243,243 CMYK=6,4,4,0
- RGB=233,117,76 CMYK10,67,69,0
- RGB=235,66,95 CMYK=0,876,49,0
- RGB=64,174,161 CMYK=71,13,44,0
- RGB=0,0,0 CMYK=93,88,89,80

封面中的六边形运用了反复的视觉流程，增强了图形的识别性与画面的生动性，给人以强烈的视觉效应。

- RGB=223,228,205 CMYK=17,8,23,0
- RGB=185,198,145 CMYK=35,16,50,0
- RGB=138,160,75 CMYK=54,30,83,0
- RGB=255,255,255 CMYK=0,0,0,0
- RGB=0,0,0 CMYK=93,88,89,80

4.5.4 增强书籍装帧艺术感的设计技巧——为书籍增加一抹亮色

在书籍装帧设计中，任何装帧设计都会运用黑、白、灰关系进行创作设计。黑、白、灰可指空间关系，也可指无色系中的色彩。黑、白、灰本无色彩倾向，如大面积的使用会造成深邃、沉闷的视觉感受，适当融入一抹亮色，缓解画面压抑感的同时也可增强书籍的形式艺术感。

书籍整体以偏灰蓝紫色为主色调，且色调统一，黄色的融入与书籍主色形成鲜明对比，打破了原有的沉闷，增强了书籍的视觉吸引力。

封面中以黑白灰为主色，而粉色的主题文字色彩打破了黑、白、灰的呆板，使书籍形成了既时尚又不失性感的视觉感受。

配色方案

双色配色

三色配色

四色配色

书籍装帧设计赏析

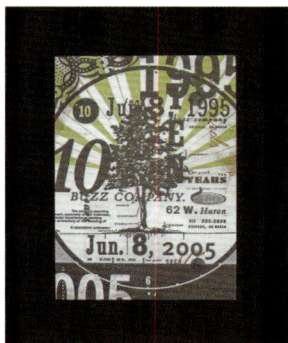

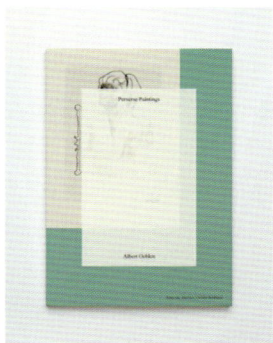

4.6.1　书籍装帧设计的元素说明

书籍装帧设计的元素：

书籍装帧设计是书籍的外在表现，是书籍主题思想的直接表达。在书籍装帧设计过程中，精确地结合书籍内容，采用富有艺术性与概括性的图像或图形，运用醒目、个性的色彩设计方案，以及合理的文字设计与版式设计可以提升书籍的整体格调，为读者营造极具视觉美感的视觉体验。因此，在设计过程中，不仅要注重局部设计，更要注重图像、文字、色彩、版面及图形的合理搭配，让读者通过渗透在书籍装帧设计中的美，感受到阅读氛围的温馨感与和谐感。

设计意图：

在书籍装帧设计中，元素之间的合理搭配是为了提升书籍的美感与内涵。而在设计前，对书籍内容有一个明确的认识与定位是书籍装帧设计的良好开端，这样设计的作品才能够精准地把握书籍的创作方向与主题内容，灵活运用设计元素的视觉特点，以达到形式与内容相统一的视觉美感。

用色说明：

该书籍的对页设计主要以白色为背景色，对画面主体视觉元素起到了很好的衬托作用，灰色的融入为书籍整体增添了层次感。以黄色为主色调，并运用同类色图片进行搭配设计，为画面整体增添食欲，给人以色香味俱全的视觉感受。而图片中绿色元素的点缀恰到好处，活跃了画面整体视觉效果，具有点睛之笔的作用。

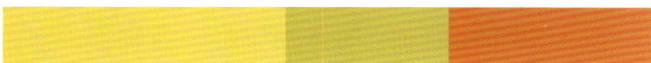

特点：

◆ 图像元素风格一致，整体色调和谐统一。

◆ 图形之间具有较强的节奏感。

◆ 文字元素主次分明。

◆ 色彩搭配风格强化主题思想。

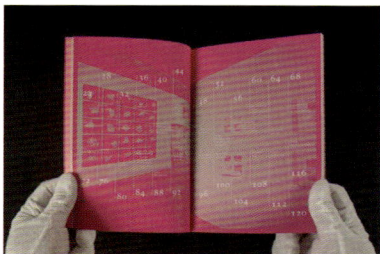

4.6.2 书籍装帧设计的元素分析

图 像	分 析
　　同类欣赏： 	● 该作品在设计中选用白色为背景色，以此突出画面主题图像元素，进而呼应美食主题，烘托了清新、舒雅的美食氛围。 ● 该作品选用真材实料的美食图片为主要视觉元素，且色彩搭配和谐、统一，主次有序，给人以最真实的美味感，使受众不禁沉浸在美食的无限美好之中。 ● 画面中的矩形图像规整有序，其各个图像之间间隔相同，使之在无形之中为画面整体增添了强烈的节奏感与韵律感。

文 字	分 析
　　同类欣赏： 	● 该作品以黄色为主色调。黄色是万物成熟的颜色，因此，黄色色块的置入在画面中具有增强食欲的视觉效果，同时与美食图片色调保持一致，使画面整体更为完整、和谐。 ● 画面中文字的编排自由、洒脱，随性但不随便，以文字元素的自在感为受众传达享受美食是一件轻松、愉悦的事情。 ● 画面矩形图片的编排井然有序，与文字的自由编排形成鲜明对比，体现了制作美食的严谨感与享受美食的轻松感。

色　彩	分　析

同类欣赏：

- 该作品以舒缓的奶黄色为背景色，与图片中的橙色、红色相互呼应，而绿色的点缀为画面整体增添了一丝生机感与环保感，给人以既美味又健康的视觉感受。
- 该作品在设计过程中，巧妙地运用了对比色的色彩搭配方案，增强画面视觉冲击力的同时，也为画面整体营造了健康美味之感。
- 画面中黑色段落文字的设计不但不与画面基调冲突，反而为画面整体增添了沉稳感，使画面的视觉效果更有说服力。

图　形	分　析

同类欣赏：

- 该作品在设计过程中灵活运用了图形的空间分割特点，将画面中的美食图片设计成三角形、五边形、圆形等，给人以生动、有趣的视觉体验。
- 画面中的图形设计巧妙地使画面形成了左右相对对称的视觉流程，且色彩搭配均衡，给人以踏实、沉稳的视觉感受。
- 该作品在图形设计上运用了反复的视觉流程，不仅为画面整体增添了动感与韵律感，同时烘托了美食的趣味性与多样性。

分割式版面	分 析

同类欣赏：

- 该作品在版式设计中运用了图形的空间分割特性使画面形成了分割型的构图方式。且图文并茂的编排方式给人以较强的视觉感染力。
- 画面中文字色彩与色块色彩相互穿插呼应，使画面形成了和谐、统一且富有层次感的视觉感受。
- 该作品中黄色色块的大、小与文字的大、小，以及图像的大、小分别形成鲜明对比，进而形成了主次有序的视觉特征，给人以一目了然的视觉体验。

满版式版面	分 析

同类欣赏：

- 该作品在版式设计中运用了满版型的构图方式。画面中以美味饮品图片填充整个版面，并做有虚化效果，与右侧圆角矩形图片一脉相承，给人以丰富、饱满的视觉体验。
- 画面中的视觉元素虚实结合，营造食品甜蜜氛围的同时，也起到了以虚衬实，强化主题的作用。
- 该内页设计左右贯穿，一脉相承，具有较强的统一性与完整性，且相比之下更具有视觉感染力。

第5章

书籍装帧的形式设计

结构 / 内容 / 装订

书籍装帧不仅仅是书籍由文稿到成品再到出版的印刷、装订的过程，而是书籍主题与概念的表现形式，更是一种设计艺术，且具有审美与实用两种功能。书籍装帧设计在艺术设计中其形式服务于内容，是极具意味的形式体现，也是书籍内容包装的艺术手段。为了能够最大化地实现书籍装帧设计的目的与功能价值，设计师首先要对书籍内容进行全面且深入的阅读与理解，提升思维方式，转换设计观念，遵循读者阅读习惯与规律，从书籍外观装饰再到书籍整体的装饰设计，都需要引人入胜、具有美感，并以最易理解、最具风趣、最具有可视性的表现方式展现给读者，让读者在阅读过程中享受到赏心悦目的情感体验。

◆ 不同书籍对应着不同类别的读者，因此在设计过程中，不仅要深入了解书籍内容，更要明确书籍所要面向的群体，进而达到更好的宣传目的。

◆ 书籍装帧设计包括的内容有很多，其中封面设计、扉页设计与插图设计是三大主体设计要素。

◆ 一个优秀的书籍装帧设计作品，不仅能够有效而恰当地反映书籍内容，还要能够通过某种设计手段将书籍特色与作者意图展现得淋漓尽致。

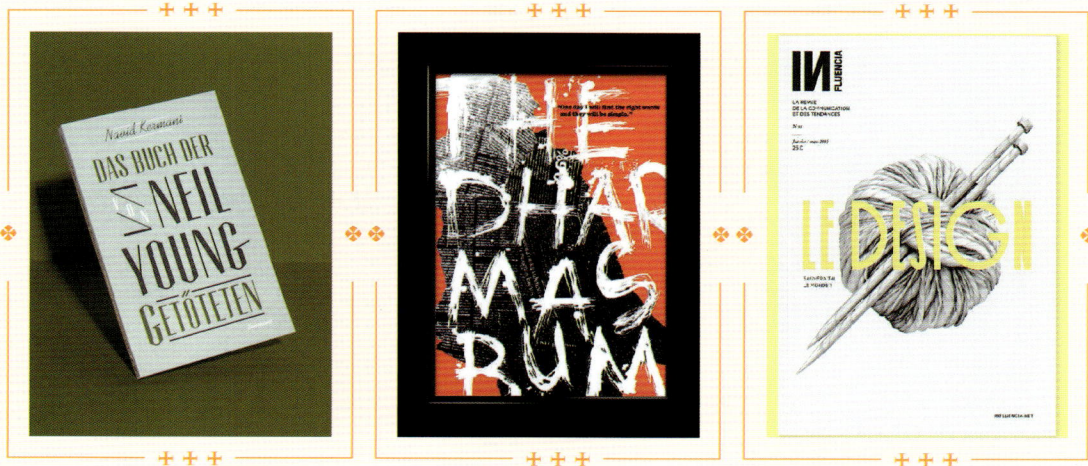

5.1 书籍装帧结构设计

　　书籍是一切信息传播的载体，是人与人之间交流思想的桥梁，是传播知识、保存文化的重要工具。书籍装帧设计主要是针对书籍封面、书脊以及封底这些外观部分的设计。而一个完整的书籍装帧设计可分为常态结构与拓展结构两部分，常态结构是每本书必不可少的视觉元素，而拓展结构是某些书籍依据作者思想与设计师的艺术思维来进行特殊的创作设计，进而达到更加赏心悦目的视觉效果。

◆ 常态结构：封面、封底、书脊、书脚、护封、勒口、环衬、插图、其他页。
◆ 拓展结构：书函、腰封、订口、切口、飘口、书签条、堵头布、书槽等。

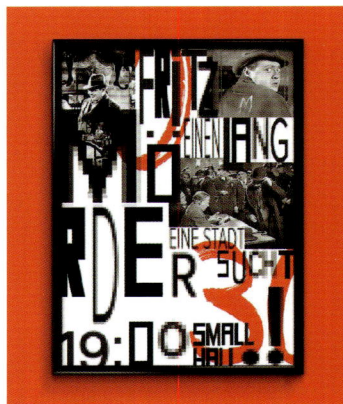 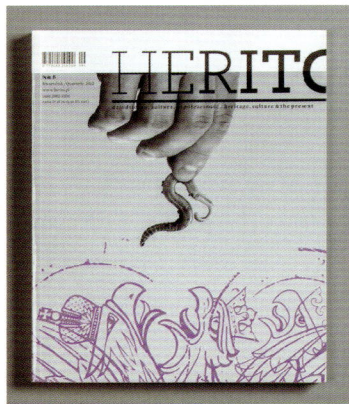 

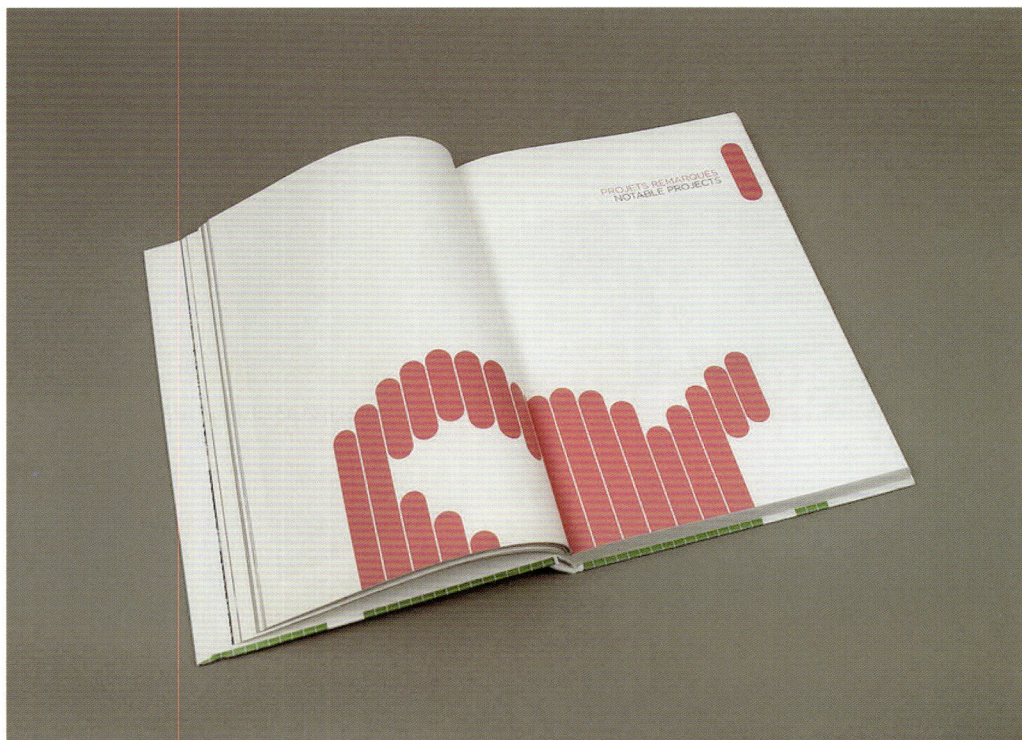

　　封面是书籍的第一视觉语言，是作者思想与书籍内容的直接体现，也是书籍装帧设计艺术的门面。在封面设计中，其艺术形式是通过图像、色彩及文字得以体现的，在各式各样的书籍中，封面具有无声的推销作用，并以传递信息为目的，形式美感与书籍内容相统一，给人以深刻的视觉印象。

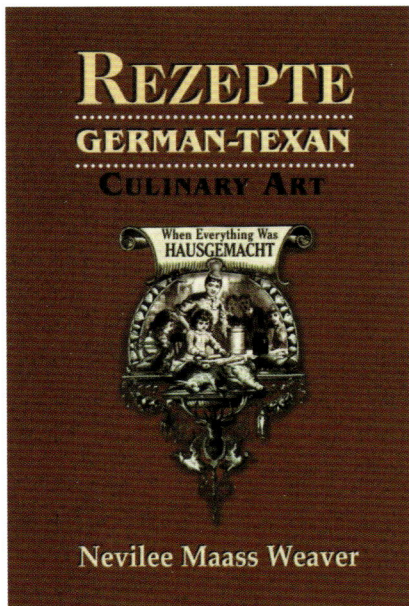

设计理念： 该封面是关于烹饪艺术的设计作品，作品以烹饪场景为视觉重心点，点明主题，使读者以最直观的方式了解到书籍内容。

色彩点评： 以复古红为背景色，偏绿色的图像为重心，互补色的运用为封面增添了艺术感染力，黑色阴影效果增强了整体的视觉空间感。

🎨整体色调为偏冷的暖色，冷暖对比，形成了高雅、浪漫的情调。

🎨文字主次分明，具有一目了然的视觉特点。

- RGB=248,220,146 CMYK=6,71,49,0
- RGB=128,161,152 CMYK=56,29,41,0
- RGB=103,55,51 CMYK=58,81,76,33
- RGB=0,0,0 CMYK=93,88,89,80

　　作品中以近似牛奶颜色的白色为主色调，与主题内容相辅相成，蓝色是典型的商用颜色，给人以安全、理性的视觉感受。

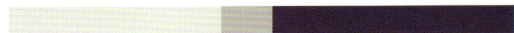

- RGB=231,227,218 CMYK=12,11,15,0
- RGB=186,179,171 CMYK=32,29,30,0
- RGB=34,36,87 CMYK=98,100,49,17

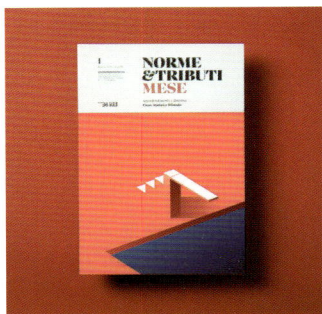

　　分割的构图形式使版面的理性感更为强烈，对比色的应用与色块暗面的搭配形成了较为强烈的空间感与深邃感，给人足够的想象空间。

- RGB=249,72,90 CMYK=0,84,52,0
- RGB=163,20,50 CMYK=42,100,84,8
- RGB25,55,109 CMYK=99,90,40,5
- RGB=255,255,255 CMYK=0,0,0,0
- RGB=0,0,0 CMYK=93,88,89,80

5.1.2 封底

封底是图书的重要构成元素，是一本书的底，也是一本书的最后一页，又称为封四。封底是书籍封面、书脊视觉元素的延续、补充与总结。封底与封面紧密相连，相互补充，保证着书籍装帧艺术的完整性。其主要信息包括：书号、定价、条形码，部分书籍还包括系列丛书目录、书籍描述及内容简介等。

设计理念： 该作品的封底与封面相互呼应，起到了延伸封面的作用，同时也形成了对称的视觉特点。

色彩点评： 作品中运用冷暖对比增强了书籍的层次感，并运用色彩的明度强化了书籍整体的空间感。

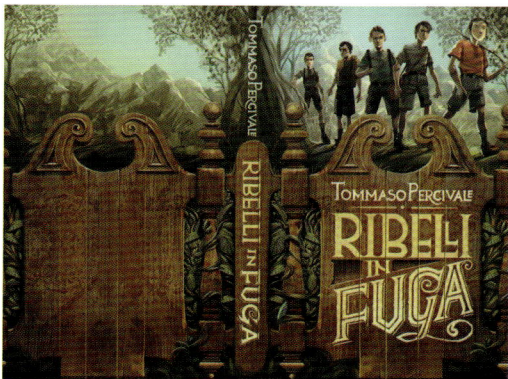

🍃书脊文字为书籍名称，使读者查找书籍更为便捷，具有更为明确、醒目的视觉感受。

🍂封底与封面以书籍为对称轴，左右背景元素相对对称，给人以较为完整的均衡感。

RGB=229,201,94 CMYK=16,23,70,0

RGB=166,132,95 CMYK=43,51,66,0

RGB=72,93,60 CMYK=76,56,86,20

RGB=14,21,13 CMYK=88,79,89,71

该书籍的封底在版式设计中运用了分割型构图，增强了书籍整体的可视性，单色的封底与橙色、紫色相辅相成，使设计形成了别样的韵味。

鲜明的互补色与单色背景相呼应，不仅增强了书籍的艺术形式感，同时也提升了书籍整体的视觉冲击力。

RGB=182,174,213 CMYK=34,33,3,0

RGB=255,115,72 CMYK=0,69,68,0

RGB=199,201,198 CMYK=26,18,20,0

RGB=48,47,45 CMYK=79,74,74,49

RGB=0,0,0 CMYK=93,88,89,80

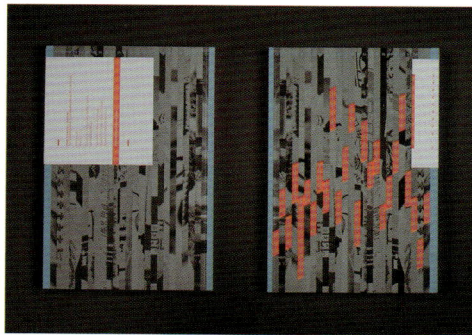

RGB=230,82,72 CMYK=11,81,67,0

RGB=66,139,158 CMYK=75,37,35,0

RGB=198,199,203 CMYK=26,20,17,0

RGB=100,100,100 CMYK=68,60,57,7

RGB=0,0,0 CMYK=93,88,89,80

书脊是书籍的第二视觉语言，指封面与封底连接的部分，是书籍厚度的体现。在琳琅满目的书海中，大多图书都是以书脊版面展示给读者，其内容通常由书名、作者名和出版社组成，如书籍较厚时，也可通过图形或图像来展现书籍风格，且对书籍的装订起着保护的作用，因此也可称其为书籍的第二张脸。

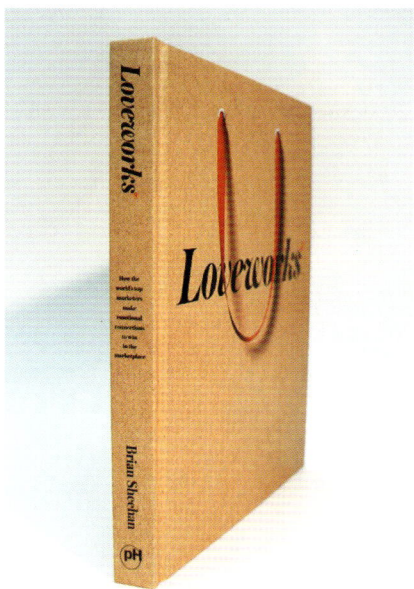

设计理念：该作品在装帧设计中将其外观设计成手提袋状，具有较强的独创感与新颖感。

色彩点评：整体色调为橙色，红色的提带与整体色调相统一，鲜明的色彩与黑色文字相搭配，形成了稳重、和谐的视觉感受。

🎨 封面以作品名称为主体，没有多余的文字，形成了直白、简洁的视觉特征。

🎨 书籍文字的编排更为细致，以最直观的形式展现在读者面前，形成了醒目的视觉感受。

- RGB=247,176,110 CMYK=4,40,59,0
- RGB=223,142,89 CMYK=16,54,66,0
- RGB=218,28,16 CMYK=18,97,100,0
- RGB=0,0,0 CMYK=93,88,89,80

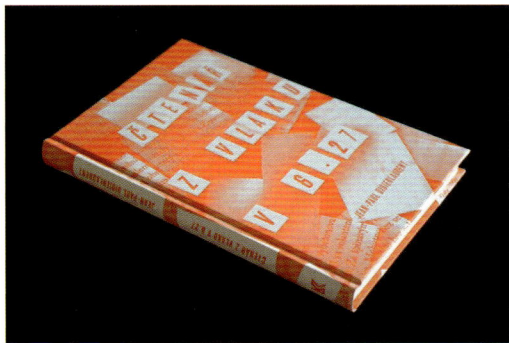

该书籍在装帧设计中，灵活运用了面的分割特征与强化信息的特点进行编排设计，使封面与书脊在无形之中形成了层次分明的视觉效果。

- RGB=232,235,238 CMYK=11,7,6,0
- RGB=233,152,133 CMYK=10,51,42,0
- RGB=255,112,75 CMYK=0,70,66,0
- RGB=236,77,37 CMYK=7,83,87,0
- RGB=171,70,40 CMYK=40,84,97,4

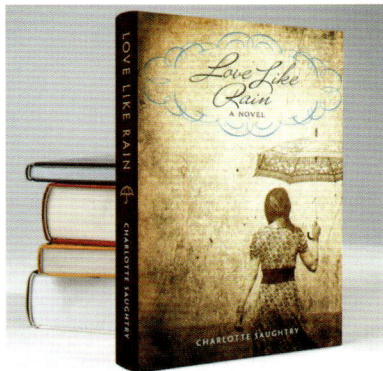

作品中整体色调较为复古，书脊文字的色彩与整体色调相统一，蓝色的点缀使整体形成冷、暖对比，具有画龙点睛的作用。

- RGB=166,216,241 CMYK=39,6,5,0
- RGB=255,255,255 CMYK=0,0,0,0
- RGB=242,213,17 CMYK=7,20,36,0
- RGB=106,79,58 CMYK=61,68,79,24
- RGB=53,12,20 CMYK=69,93,82,64

5.1.4 扉页

扉页是指书籍的第二页，也就是书籍封面与书芯之间印有书名、出版社、作者名的一页，是书籍封面的补充及延伸，因此又有内中副封面之称。在书籍装帧设计中，扉页一般前后各一张，且多采用空白纸张，其设计风格需与整体风格一致。扉页犹如书籍的门面里的屏风，随着人们的审美水平的提高，扉页的纸张质量也越来越好，并起着装饰与保护书籍的作用。

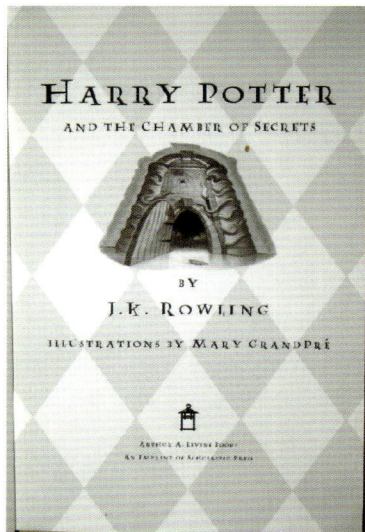

设计理念：小说《哈利波特》的扉页在设计过程中，灵活运用图文搭配的方式延伸了书籍封面内容，并给人以更清晰、完整的内容总结。

色彩点评：以其黑、白、灰为主色，使版面营造了具有立体感与层次感的视觉效果。

🍎作品中的段落文字错落有序，大小、粗细形成对比，使其主次分明。

🍃图像与文字的编排均衡、平稳，使版面形成了左右相对对称的视觉感受，具有较强的稳重性。

RGB=255,255,255 CMYK=0,0,0,0
RGB=201,200,205 CMYK=25,20,16,0
RGB=142,145,154 CMYK=51,41,33,0
RGB=0,0,0 CMYK=93,88,89,80

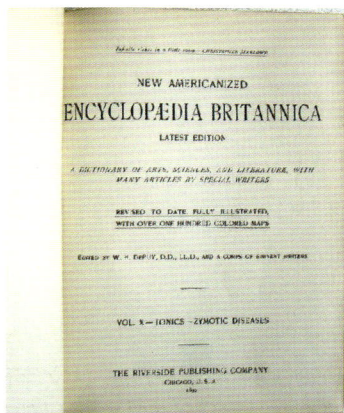

该扉页以白色为主色调，其主题图片与背景相容，使其形成充满朦胧的神秘感，黑色文字醒目简明，给人以一目了然的视觉感受。

RGB=237,237,237 CMYK=9,7,7,0
RGB=229,229,229 CMYK=12,9,9,0
RGB=147,147,147 CMYK=49,40,38,0
RGB=255,255,255 CMYK=0,0,0,0
RGB=0,0,0 CMYK=93,88,89,80

卡其色的纸张并做有暗角效果，营造了怀旧的复古气息，其文字信息编排有序，且内容详细，具有较强的可视性与说明性。

RGB=254,253,233 CMYK=2,0,12,0
RGB=224,226,215 CMYK=15,10,17,0
RGB=210,201,170 CMYK=22,20,36,0
RGB=149,125,87 CMYK=50,53,71,1
RGB=0,0,0 CMYK=93,88,89,80

5.1.5 护封

护封即书籍外侧的包封纸，是书籍装帧设计中的重要组成部分，起着保护书籍的作用，同时也可以提高书籍档次，其版面印有书名、作者名、出版社名及装饰图画。护封的好坏直接影响到书籍装帧的质量，因此护封的设计过程也需要设计者的精心构思与设计。

设计理念： 该书籍的护封以转折处为分割线形成了分割的构图形式，但其文字颜色相同，进而形成了微妙的联系，提升整体的完整、统一性。

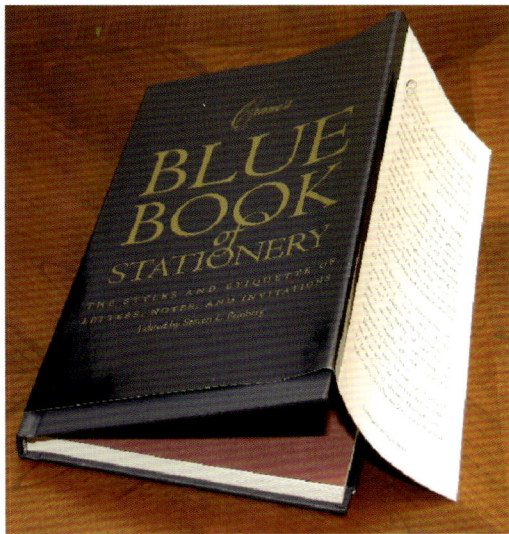

色彩点评： 护封整体色调与书籍封面和书芯的颜色相统一，驼色的文字与金色相似，与尊贵、冷艳的蓝色相搭配，给人以高端的视觉感受。

🎨 护封纸质为胶版纸，抗水性能强，且护封的设计不仅可以保护书籍，同时也具有书籍内容说明的作用。

🎨 护封色彩与文字色彩形成互补，不仅增强了书籍的视觉吸引力，同时也形成了和谐的美感。

- RGB=255,255,255 CMYK=0,0,0,0
- RGB=252,235,207 CMYK=2,11,22,0
- RGB=160,119,67 CMYK=45,57,82,2
- RGB=47,56,73 CMYK=86,78,59,31

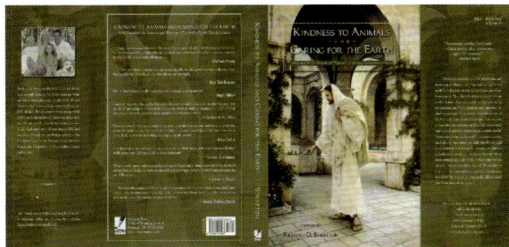

该书籍护封图文并茂，且文字部分的背景与图像相融合，增强了护封整体的细节感，同时与主题图片相辅相成，形成了较为强烈的节奏感。

- RGB=203,175,128 CMYK=26,33,53,0
- RGB=119,120,112 CMYK=61,52,55,1
- RGB=90,94,59 CMYK=69,58,85,19
- RGB=255,255,255 CMYK=0,0,0,0
- RGB=0,0,0 CMYK=93,88,89,80

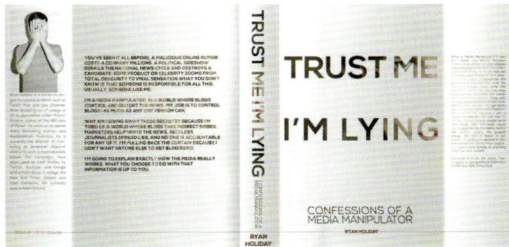

书籍护封以白色为背景色，更好地衬托了版面的相关信息内容，并将文字信息做有渐变效果，使其与金色相似，烘托了整体的高端、时尚气息。

- RGB=174,174,174 CMYK=37,29,28,0
- RGB=255,255,255 CMYK=0,0,0,0
- RGB=180,156,132 CMYK=36,40,48,0
- RGB=58,41,31 CMYK=71,77,84,55
- RGB=0,0,0 CMYK=93,88,89,80

5.1.6 勒口

勒口是指书籍封面延长的内折部分，是书籍封面内容的延伸与再延续，以作者简介、内容概要及封面延伸图案等相关信息为主，其宽度通常为书籍封面宽度的二分之一，也可称之为折口。勒口可以增加书籍封面与封底的切口边缘厚度，进而起到保护书籍的作用，使其在储藏或翻阅过程中不易被折损。

设计理念： 书籍封面信息分别围绕视觉重心点进行排列，具有较强的向导性，使人的视线直接落到版面重心，增强了书籍整体的可视性。

色彩点评： 该作品以白色为主色调，书籍封面与勒口颜色相同，并运用烫印的印刷手法将其信息层次主次有序，使其信息更为明确、清晰地传达给读者。

🎨 书籍封面中灵活运用点、线、面的视觉特征，形成了极具艺术气息的形式美感。

🎨 其图形的编辑，使整个版面形成了对称的视觉流程，具有较强的平稳性与均衡感。

RGB=255,255,255 CMYK=0,0,0,0
RGB=252,252,250 CMYK=1,1,2,0
RGB=245,240,236 CMYK=5,7,8,0
RGB=224,219,215 CMYK=15,15,14,0

该杂志的勒口大小与书籍开本相近，且在视觉元素的编排设计中以简胜繁，以白色为背景色，更好的衬托了主体，具有一目了然的视觉感受。

RGB=217,208,205 CMYK=18,18,17,0
RGB=207,168,124 CMYK24,38,53,0
RGB=72,47,24CMYK=65,76,96,50
RGB=255,255,255 CMYK=0,0,0,0
RGB=0,0,0 CMYK=93,88,89,80

书籍《昆虫记》的勒口宽度与书籍宽度相同，并运用线描的绘画手法将其主题图像形成了破型的构图方式，既点明主题又富有神秘气息。

RGB=226,217,210 CMYK=14,15,16,0
RGB=213,206,198 CMYK=20,19,21,0
RGB=181,172,165 CMYK=34,32,32,0
RGB=0,0,0 CMYK=93,88,89,80
RGB=0,142,126 CMYK=82,31,58,0

环衬是书籍拉开帷幕的首秀，是封面后、封底前的空白页，封面后的一页叫前环衬，封底前的叫后环衬，通常一半与封面或封底相融合，一半为自由页，进而使书籍封面与书芯部分更加牢固不易脱离。其版面主要内容以极具代表性的插图或图案为主。

设计理念： 该作品的环衬以图片为主，没有文字说明，极具代表性的抽象图片与书籍内容相辅相成，且烘托了书籍整体的艺术氛围。

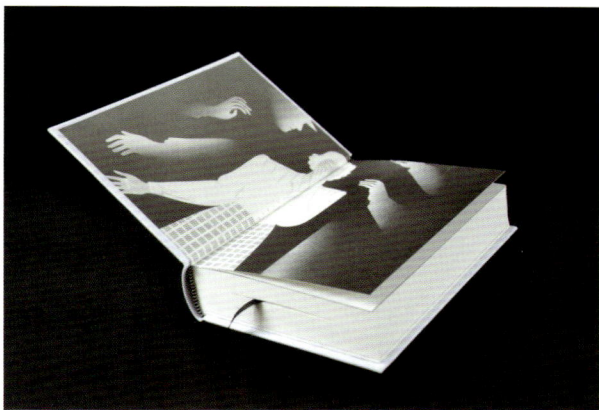

色彩点评： 以单色图片充满整个版面，给人以充实、饱满的视觉感受。

🎨黑、白、灰对比明确，具有较强的空间感与艺术感。

🎨边缘处留白区域的设计增强了环衬页的"透气感"，避免图片过于饱满的紧促感。

RGB=248,247,243 CMYK=4,3,5,0
RGB=189,190,185 CMYK=30,23,25,0
RGB=98,97,93 CMYK=68,61,60,10
RGB=65,64,60 CMYK=75,70,71,36

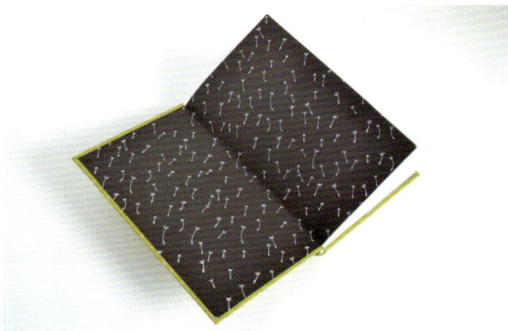

该书籍环衬以黑色为背景色，以蒲公英为主题图像，并运用反复的视觉流程使其充满整个版面，形成了较为强烈的节奏感与韵律感。

RGB=215,192,37 CMYK=24,24,89,0
RGB=255,255,255 CMYK=0,0,0,0
RGB=237,235,246 CMYK=9,9,0,0
RGB=83,78,82 CMYK=73,68,61,20
RGB=54,53,58 CMYK=79,75,67,41

作品中整体色调偏暖色，具有强烈的复古气息，且文字的增添为环衬版面增添了一丝浓厚的艺术韵味，给人以更加和谐、完整的美感享受。

RGB=230,227,212 CMYK=13,11,18,0
RGB=215,209,105 CMYK=19,17,24,0
RGB=99,92,74 CMYK=66,61,72,17
RGB=49,46,37 CMYK=77,73,81,53
RGB=238,112,89 CMYK=7,70,60,0

5.1.8 插图

插图即书籍在内容的编排设计时插入的相关图片，起到活跃书籍内容的作用，也是活跃书籍气氛的重要元素。插图的融入可以使作者将创作思想表达得更为生动形象，可以让读者对书籍内容的理解更为清晰、明确。与此同时，不仅可以发挥人们的想象力和理解力，更能获得一种艺术的享受。

设计理念： 该杂志内页在设计过程中，灵活运用了"点、线、面"的分割特性，使版面分为背景层、文字层与图片层三部分，给人以明确的层次关系与清晰的视觉体验。

色彩点评： 作品中以米色为主色调，以洋红色为点缀色，洋红色是女性的代表色，给人以娇媚、性感的视觉感受，进而与版面主题相辅相成。

🎨 倾斜的视觉流程增强了整体的活跃感与视觉冲击力。

🎨 图层分布主次鲜明，增强了版面整体的可视性。

- RGB=235,221,194 CMYK=11,15,26,0
- RGB=78,115,131 CMYK=76,52,44,1
- RGB=237,0,140 CMYK=8,94,4,0
- RGB=0,0,0 CMYK=93,88,89,80

该对页在设计中，左页以图片填充整个版面，右页运用留白的设计手法，不仅中和了书籍整体的紧促感，同时给人以足够的想象空间，提升了整体的"透气感"。

- RGB=139,168,102 CMYK=52,25,70,0
- RGB=88,110,98 CMYK=72,53,63,6
- RGB=116,88,76 CMYK=60,67,68,15
- RGB=255,255,255 CMYK=0,0,0,0
- RGB=0,0,0 CMYK=93,88,89,80

该书籍内页的插图以分解的形式编排于版面，使其形成参差不齐的色条与色块，增强了书籍整体的艺术形式美感。

- RGB=48,126,211 CMYK=78,47,0,0
- RGB=255,255,255 CMYK=0,0,0,0
- RGB=232,232,230 CMYK=11,8,9,0
- RGB=215,215,215 CMYK=18,14,13,0
- RGB=0,0,0 CMYK=93,88,89,80

5.1.9 其他页

其他页包括资料页、序言页、目录页、版权页等。资料页是指与书籍有关的图形资料，文字资料；序言页通常处于书名页之后，具有承上启下的作用；目录页是全书的总纲领，是书籍装帧不可或缺的一个重要组成部分；版权页是书籍的身份证明，且有固定的编排格式。

设计理念： 该页面为某书籍的目录页，其版面采用了图文搭配的设计方式，并运用了自由型构图形式，使其版面形成了随性但不随便的视觉感受。

色彩点评： 版面整体以白色为背景色，并运用对比色与互补色增强了版面整体的视觉冲击力，给人留下坚硬的视觉印象。

🎨作品中的图像与文字相匹配，且看似随意的编排，但其分布有着强烈的节奏感与韵律感。

🎨图像按照大、小依次排列，给人以井然有序的视觉感受。

- RGB=255,255,255 CMYK=0,0,0,0
- RGB=164,53,60 CMYK=42,92,77,6
- RGB=3,146,66 CMYK=82,26,96,0
- RGB=93,179,228 CMYK=62,18,6,0

该版面以黑、白两色为主题色调，白色为背景色，黑色为文字颜色，清晰、简洁的构图形式与配色给人以纯净、舒适的视觉享受。

- RGB=255,255,255 CMYK=0,0,0,0
- RGB=0,0,0 CMYK=93,88,89,80

该作品是关于蛋糕的目录简介，版面中图片与文字相搭配，且视觉元素之间间隔相同，进而使版面形成了较为强烈的节奏感。

- RGB=206,179,126 CMYK=25,32,54,0
- RGB=174,112,53 CMYK=40,63,88,1
- RGB=152,79,36 CMYK=46,77,99,11
- RGB=255,255,255 CMYK=0,0,0,0
- RGB=0,0,0 CMYK=93,88,89,80

第5章 书籍装帧的形式设计

5.1.10 书函

书函即是书套、书盒，是保护书籍的盒子或封套，具有便于携带与收藏的作用，同时还可以增加书籍的艺术感。由于书函制作成本较高，因此拥有书函类的图书多为极具收藏价值的精装书籍，且随着印刷技术的发展与突破，书函材质也日益丰富，如瓦楞纸、木材、塑料、纸板、布艺等材料。

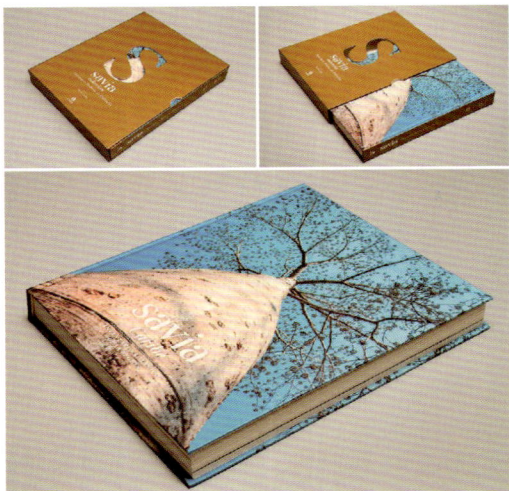

设计理念： 该书籍的书函为木质，运用镂空的设计手法增添了书籍整体的艺术感，同时也起到了保护书籍的作用。

色彩点评： 该书函以偏橙的木材为材料，镂空透露出封面的蓝色，与书函颜色形成互补，进而增强了书籍整体的视觉感染力与视觉形式美感。

🎨书函主题文字的设计恰到好处，不仅点明主题，同时也增添了书籍整体的艺术韵味。

🎨木质的材料具有较强的耐磨性与艺术性，丰富了书籍整体的艺术情趣。

- RGB=255,255,255 CMYK=0,0,0,0
- RGB=248,206,148 CMYK=4,25,46,0
- RGB=197,113,0 CMYK=29,64,100,0
- RGB=30,185,215 CMYK=71,9,19,00

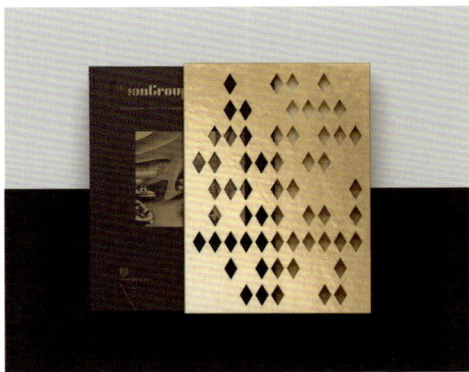

以金色的纸板为书函材料，镂空的设计手法为书籍增添了浓厚的艺术形式美感，同时营造了神秘的艺术氛围。

- RGB=244,224,189 CMYK=6,15,26,0
- RGB=210,165,110 CMYK=23,46,60,0
- RGB=162,128,90 CMYK=45,53,68,0
- RGB=144,118,85 CMYK=51,56,70,3
- RGB=44,48,57 CMYK=84,78,66,43

该作品的书籍颜色与书函颜色形成鲜明对比，其强烈的反差恰好增强了书籍的视觉冲击力，且黑白两色的点缀，更加强化了这一视觉特征。

- RGB=78,94,120 CMYK=78,65,43,3
- RGB=58,72,99 CMYK=85,75,50,12
- RGB=203,51,64 CMYK=26,92,72,0
- RGB=255,255,255 CMYK=0,0,0,0
- RGB=0,0,0 CMYK=93,88,89,80

5.1.11 腰封

腰封即书籍中间类似"腰带"的书腰纸,也是护封的一种形式,同时也具有内容介绍、补充说明、宣传促销、丰富封面及增添艺术感的作用。腰封多以牢固性较强的纸张为材质,其版面多以图书宣传语或广告语为主,其色彩应用通常较为醒目,以达到醒目的视觉特征,从而吸引人们的目光,增添读者阅读兴趣。

设计理念: 该作品在书籍装帧设计中运用了分割型构图,且其腰封整体可视为整体分割的一部分,具有较强的完整性与统一性。

色彩点评: 腰封以黑色为背景色,以白色为文字色,简洁的配色与书籍封面色彩形成对比,给人以动静结合的视觉享受。

🎨 腰封整体色调较为深沉,不仅醒目了书籍主题,同时也稳重了书籍整体的视觉感受。

🎨 腰封文字与书脊部分文字相互呼应,给人以完整、和谐的视觉美感。

☐ RGB=255,255,255 CMYK=0,0,0,0
RGB=190,201,197 CMYK=31,17,22,0
RGB=240,218,83 CMYK=13,15,74,0
■ RGB=0,0,0 CMYK=93,88,89,80

该书籍的腰封以白色为主色调,并运用封面主色调为腰封文字颜色,进而起到相辅相成的呼应作用,具有较强的完整统一性。

RGB=217,193,43 CMYK=23,24,87,0
RGB=125,205,240 CMYK=52,6,6,0
RGB=185,41,77 CMYK=35,96,62,1
☐ RGB=255,255,255 CMYK=0,0,0,0
RGB=157,160,165 CMYK=45,35,30,0

该书籍的腰封与书籍封面浑然一体,给人以视觉上的饱满统一感,且具有较强的文字说明性与可视性。

RGB=255,250,240 CMYK=0,3,7,0
RGB=214,201,185 CMYK=20,22,27,0
RGB=207,191,191 CMYK=22,27,21,0
RGB=115,108,98 CMYK=63,57,60,5
RGB=201,198,193 CMYK=25,21,22,0

5.1.12 订口、切口

书籍需要装订连接的一端即可称之为订口，而以外的三个边为裁切边，通常被称为切口，同时书籍的切口有上下之分，书籍上方的裁切边即为上切口，又称"书顶"，反之，书籍下方的裁切边为下切口，称为"书根"。

设计理念：该书籍在装帧设计中采用了无线胶订的装订方式，且其订口、切口均为坚硬风格，给人以理性、规整的视觉感受。

色彩点评：书籍封面以绿色为主体色，以红色为点缀色，互补色的应用大大提升了书籍整体的视觉吸引力与形式美感。

🔴 封面中的出血位的设计增强了书籍的呼吸性，且给人以足够的想象空间，使书籍封面具有较强的可视性。

🟢 书脊文字与封面点缀色相互呼应，增强了书籍的完整性。

- RGB=255,255,255 CMYK=0,0,0,0
- RGB=165,218,210 CMYK=40,2,24,0
- RGB=235,46,86 CMYK=8,91,53,0
- RGB=80,,80,80 CMYK=76,66,63,20

封面运用了满版型构图，以城市景象与水底世界的巧妙衔接充满整个版面，具有足以说服人们视线的视觉能力。

- RGB=218,215,200 CMYK=18,15,22,0
- RGB=216,169,159 CMYK=19,40,33,0
- RGB=70,139,136 CMYK=74,36,49,0
- RGB=255,255,255 CMYK=0,0,0,0
- RGB=61,70,79 CMYK=80,71,61,25

封面中以简洁的配色脱颖而出，运用充满时尚感与科技感的字体营造书籍整体的艺术韵味。且书脊内容与封面相互衔接，进而产生了紧密的视觉联系。

- RGB=255,255,255 CMYK=0,0,0,0
- RGB=0,0,0 CMYK=93,88,89,80

飘口是指精装书刊经套合加工后，书壳超出书芯切口的部分。且书籍飘口均为三面，不同大小的书刊可以拥有不同宽度的飘口，但一般情况下均为 3mm，也可以根据书刊画幅大小来增大或缩小其宽度。与此同时，飘口不但具有保护书芯的作用，还可以提升书籍的档次，使其外形更美观。

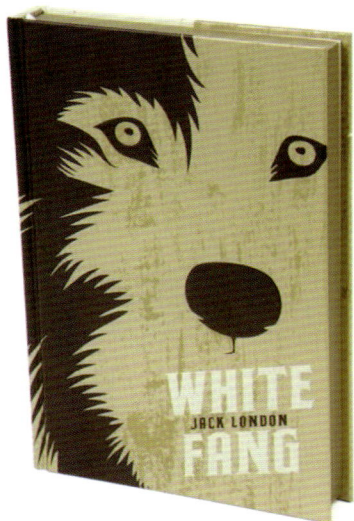

设计理念： 小说《白牙》的封面材质为瓦楞纸，纸质刚中带柔，与书籍主题相呼应，且以狼头剪影为封面图像，给人以既坚毅又柔弱的视觉感受。

色彩点评： 作品以驼色为主色调，并运用轮廓描绘的形式将狼的外形特征描绘了出来，通过简单的色彩，将书籍主题刻画得一目了然。

🔴 封面中书籍名称呈倾斜状，且字体较大，不但没有影响图像美感，反而起到了均衡画面的作用。

🔵 封面中狼的羽毛形成了放射的视觉流程，具有较强的导向性，使人的视线聚于封面右侧，平稳画面的同时，引导了人们的视觉点。

RGB=227,226,205 CMYK=14,10,22,0

RGB=206,186,135 CMYK=25,28,51,0

RGB=184,155,97 CMYK=35,41,67,0

RGB=47,36,40 CMYK=78,81,73,55

该书籍在用色方面灵活运用了黑、白、灰的明度对比，使封面中的视觉元素主次分明，并运用明快的黄色作为点缀，起到了画龙点睛的作用。

RGB=199,193,9 CMYK31,20,95,0

RGB=255,255,255 CMYK=0,0,0,0

RGB=97,116,122 CMYK=70,52,48,1

RGB=85,100,103 CMYK=74,59,56,7

RGB=58,68,70 CMYK=80,69,66,30

作品运用"熟"的颜色为主体色，与背景颜色形成强烈反差，并运用色彩的纯度对比，形成了较为鲜明的层次感。

RGB=255,92,87 CMYK=0,78,57,0

RGB=114,76,65 CMYK=58,72,73,21

RGB=55,51,48 CMYK=77,73,74,46

RGB=255,255,255 CMYK=0,0,0,0

RGB=0,0,0 CMYK=93,88,89,80

5.1.14 书签条

书签条是为方便阅读而用丝带或布带等材料制作用来夹在书刊里标记阅读进度的带子，即一端与书芯订口上方相连，而另一端不加定的带子，其作用与书签相仿，因此被称为书签条，又称书签带。

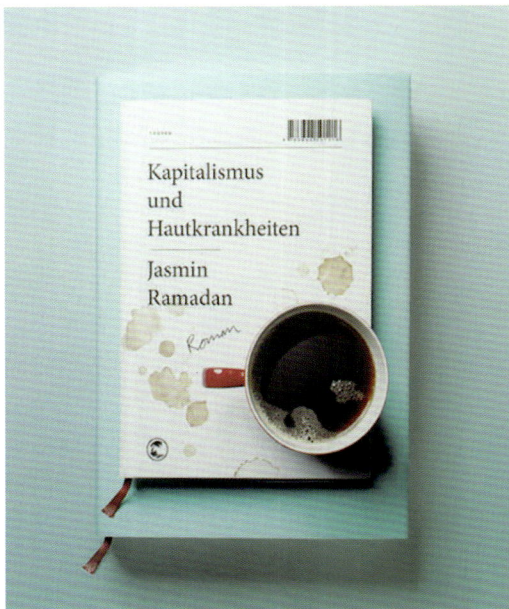

设计理念：该作品的书签条颜色与书籍颜色形成对比，给人以醒目的视觉感受，可以清楚地让读者识别其位置，使读者标记阅读更为便捷。

色彩点评：该书籍以白色为背景色，以驼色为点缀色，其系列书籍为青蓝色，整体色调清新、淡雅，可以让人怀着轻松的心情享受闲适的阅读时光。

① 黑、白两色的搭配简约、时尚，留白的设计方法给人以无限的想象空间。

② 水墨般的装饰增添了书籍整体的儒雅气氛，更加强化了整体的舒心感。

- RGB=255,255,255 CMYK=0,0,0,0
- RGB=201,191,157 CMYK=27,24,41,0
- RGB=161,202,200 CMYK=42,11,24,0
- RGB=0,0,0 CMYK=93,88,89,80

该作品的书签条颜色与书籍外观用色相呼应，具有较强的完整、统一性，同时增强了书籍整体的色彩强化力度。

- RGB=219,217,218 CMYK=17,14,12,0
- RGB=231,226,222 CMYK=11,11,12,0
- RGB=205,147,123 CMYK=24,50,49,0
- RGB=123,119,118 CMYK=60,53,50,1
- RGB=51,49,50 CMYK=79,75,71,46

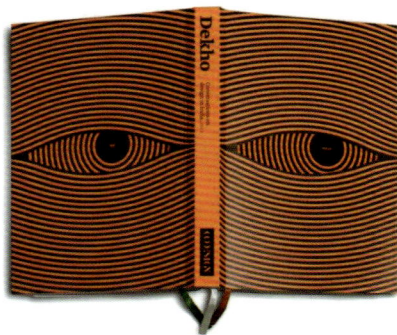

该作品的书签条颜色为红色、绿色和灰色，其色彩的强烈对比提升了书籍整体的色彩艺术气息。

- RGB=132,23,26 CMYK=49,100,100,24
- RGB=241,91,38 CMYK=4,78,87,0
- RGB=12,100,58 CMYK=89,50,95,16
- RGB=159,160,154 CMYK=44,35,37,0
- RGB=0,0,0 CMYK=93,88,89,80

5.1.15 堵头布

堵头布是指经过特殊加工制成的带有线棱的布条，用来粘贴精装书籍的书芯与书背的上下两端，即堵住书背两端的布头。具有牢固书芯的作用，同时也可增强书籍外观的装饰性，使其细节感更加饱满。拥有堵头布的书籍多为字典、词典、工具书等大型书籍。

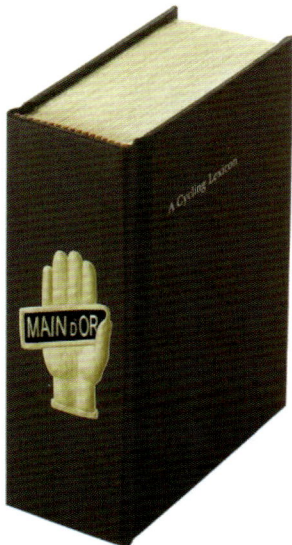

设计理念： 该书籍书芯较厚，因此书脊部分较宽，其图像的装饰不但增强了书籍的可视性，同时与封面形成对比，烘托了整体的形式艺术氛围。

色彩点评： 作品中以黑色为主体色，其书脊图案为金色，与书芯颜色相呼应，给人以奢华、高端的视觉感受。

🎨 封面中文字为白色，简洁、明了，且字号不大，但它的存在不容观者忽视，具有较强的艺术性。

🎨 书籍整体以简胜繁，给人以赏心悦目的视觉享受。

- RGB=255,255,255 CMYK=0,0,0,0
- RGB=191,177,102 CMYK=33,29,67,0
- RGB=177,137,78 CMYK=38,50,76,0
- RGB=41,43,40 CMYK=81,75,76,63

书籍封面以皮质为主材料，且整体色调较为低沉，而红色堵头布的点缀，为书籍增添了一丝活跃的气氛，进而形成了复古、端庄的视觉美感。

- RGB=215,180,142 CMYK=20,33,45,0
- RGB=237,80,65 CMYK=7,82,71,0
- RGB=181,136,77 CMYK=37,51,76,0
- RGB=64,43,48 CMYK=72,81,70,47
- RGB=78,79,81 CMYK=74,67,62,20

该作品运用互补色为书籍的主色调，使其在琳琅满目的书海中脱颖而出，堵头布的色彩与封面相呼应，具有较强的完整统一性。

- RGB=241,242,237 CMYK=7,5,8,0
- RGB=63,137,136 CMYK=76,37,49,0
- RGB=14,49,47 CMYK=91,71,77,50
- RGB=217,71,72 CMYK=18,85,67,0
- RGB=166,42,42 CMYK=41,95,94,7

5.1.16 书槽

书槽是指精装书籍套合后封面、封底与书脊连接部分压进去的两个沟槽。书槽通常在书籍页码较多或书籍较厚的精装本中，如书籍达到一定厚度，往往会出现书籍无法打开的情况，因此就会形成书槽，又称书沟，具有方便翻阅书籍的作用。

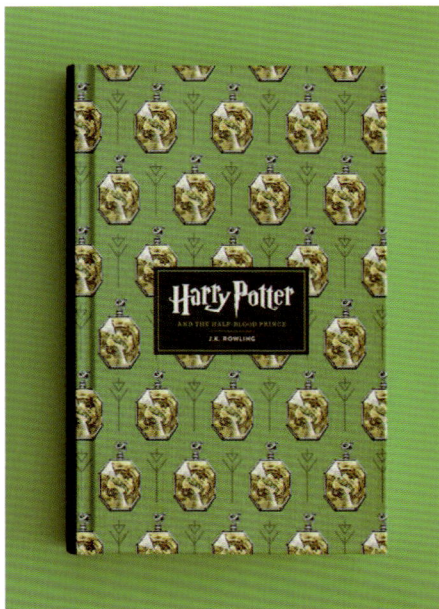

设计理念： 小说《哈利波特》的封面材质为瓦楞纸，其厚度、硬度较强，运用书槽的设计为书籍翻阅腾出了足够的空间，使读者翻阅更为轻松、方便。

色彩点评： 作品整体色调为绿色，并运用色块的形式使书籍名称更为清晰、醒目，给人以一目了然的视觉感受。

🎨❶封面中灵活运用了反复的视觉流程增强了书籍整体的节奏感与视觉饱满感。

🎨❷同类色的运用使书籍整体层次分明。

🎨❸封面中白色的文字与近似黑色的墨绿色相搭配，形成了简洁、醒目的视觉效果。

▢ RGB=255,255,255 CMYK=0,0,0,0
▨ RGB=218,196,121 CMYK=20,24,59,0
▨ RGB=87,154,87 CMYK=70,26,80,0
▨ RGB=22,31,30 CMYK=87,78,79,63

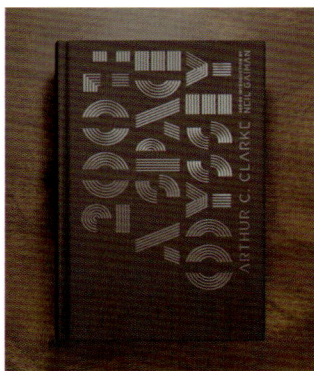

该作品封面以简洁、抽象的文字效果为主体，为书籍增添了强烈的层次感，并运用线的特性，给人以强烈的线框感与艺术形式感。

▨ RGB=197,213,228 CMYK=27,13,7,0
▨ RGB=184,194,206 CMYK=33,21,15,0
▨ RGB=147,154,162 CMYK=49,37,31,0
▨ RGB=79,84,88 CMYK=75,65,60,16
▨ RGB=47,51,54 MYK=82,75,69,44

该作品巧妙地运用书槽设计装饰了整个画面，使书籍整体形成了较为理性、均衡的分割感，给人以凹凸有致的视觉享受。

▨ RGB=232,234,233 CMYK=11,7,8,0
▨ RGB=215,208,202 CMYK=19,18,19,0
▨ RGB=52,196,220 CMYK=67,2,19,0
▨ RGB=0,140,190 CMYK=80,36,17,0
▨ RGB=207,73,38 CMYK=23,84,94,0

5.2 书籍装帧内容设计

在琳琅满目的书海中，书籍的封面决定了书籍的外在的形象，是书籍的第一视觉语言，是吸引读者阅读兴趣的第一步。而书籍的内容设计是书籍的核心部分，是读者能否驻足的主要决定因素。书籍装帧的内容设计不仅可以直接影响读者阅读心情，同时还具有信息传达的效果，而在设计过程中，需要注意以下部分。

◆ 纸张：纸张的选择直接影响书籍质量与读者阅读心情。

◆ 封面材质：不同的材质有着不同的视觉风格，可以增强书籍的艺术感。

◆ 开本：读者年龄、职业及书籍定价都是影响开本大小的主要因素。

◆ 版式设计：书籍内容的版式设计是整个版面的第一视觉印象，极具美感的版面可以给人留下深刻的视觉印象。

◆ 字体、字号与行间距：文字是书籍内容必不可少的设计元素之一，是传递信息的重要桥梁。

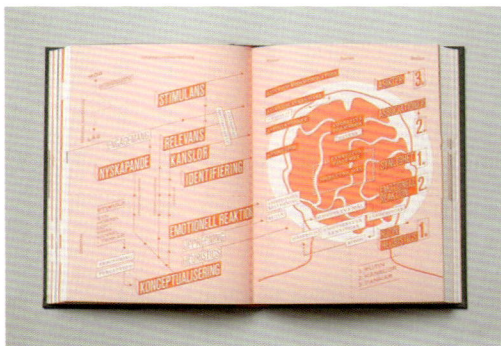

5.2.1　纸张

纸张为纸的总称，是书籍印刷最便捷、最常见的承印物，且不同的纸张有着不同的功能与用途，纸张材质直接影响印刷效果与书刊风格，因此只有熟悉各种纸张的性能与最终呈现效果，才能使成稿书籍达到最佳诉求。常见纸张一般可分为：铜版纸、卡纸、胶版纸、新闻纸、牛皮纸、书皮纸、字典纸、凸版印刷纸、特种纸等。

设计理念：该作品运用了铜版纸为书籍内页，光洁的表面充满着浓郁的时尚气息。

色彩点评：该作品左右对页运用了色相反差形成了强烈的视觉冲击，并运用紫色为点缀色，增强了页面整体的活跃感，使版面的呼吸性大大加强。

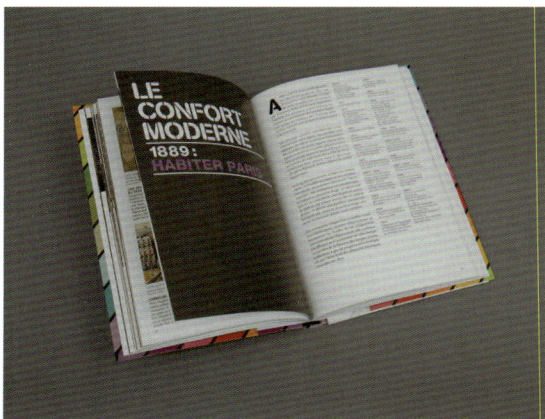

🔴 该作品的左页中的下划线效果与右页的骨骼型构图相互呼应，增强了版面的规整性，使其形成了理性的视觉感受。

🟢 左右对页黑中有白、白中有黑，黑、白呼应的形式使其版面更为均衡、平稳。

- RGB=236,236,236 CMYK=9,7,7,0
- RGB=132,80,119 CMYK=59,78,38,1
- RGB=61,57,46 CMYK=74,70,79,4
- RGB=0,0,0 CMYK=93,88,89,80

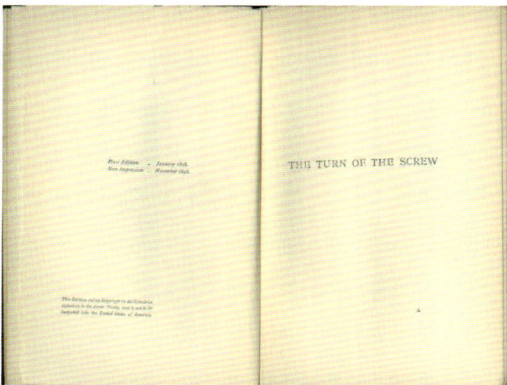

该作品扉页的纸张给人以柔软、浪漫、复古的视觉感受，且文字的编排简洁、明了，与纸张风格相辅相成，烘托了书籍整体的艺术气息。

- RGB=255,243,205 CMYK=2,7,25,0
- RGB=253,231,135 CMYK=2,13,27,0
- RGB=231,210,171 CMYK=13,20,36,0
- RGB=184,162,122 CMYK=34,37,54,0
- RGB=0,0,0 CMYK=93,88,89,80

杂志用纸一般运用铜版纸，其平滑度高，光泽度好，运用于彩色印刷效果恰到好处，并将其内容主题风格展现得淋漓尽致。

- RGB=189215,59 CMYK=36,4,85,0
- RGB=245,123,20 CMYK=3,64,91,0
- RGB=241,57,144 CMYK=6,87,90
- RGB=255,255,255 CMYK=0,0,0,0
- RGB=1,189,209 CMYK=72,4,24,0

在书籍装帧设计中，封面多以较厚或较坚硬、耐磨性强的材质为封面，如牛皮纸、铜版纸、卡纸、胶版纸或皮革、木材、纤维织物、PVC 与有机材料等特殊材质。封面的作用则是保护书芯，因此耐磨性是封面材质的第一要素，与此同时更不能脱离设计意图，明确的材质选择是为了书籍主题与内容而服务的，要在切合实际的前提下，追求更具美感的形式艺术。

设计理念：该作品的封面为纤维织物，其表面纹理丰富，朴实自然，具有较强的艺术感染力。

色彩点评：作品中以朴实的驼色为主色调，并运用低纯度的紫色与红色作为主色调，整体色调和谐、统一，使书籍整体充满了雅致的浪漫气息。

封面中虽视觉元素较多，但其色彩分布均匀，且封面下方运用了留白的设计手法，增强了书籍整体的呼吸性，避免了视觉元素过多的紧促感。

书脊图像与封面相互连接，贯穿整个版面，增强了书籍整体的完整性与统一性。

RGB=233,234,238 CMYK=10,8,5,0

RGB=202,200,187,CMYK=25,20,27,0

RGB=218,126,103 CMYK=18,62,55,0

RGB=108,100,115 CMYK=67,63,42,0

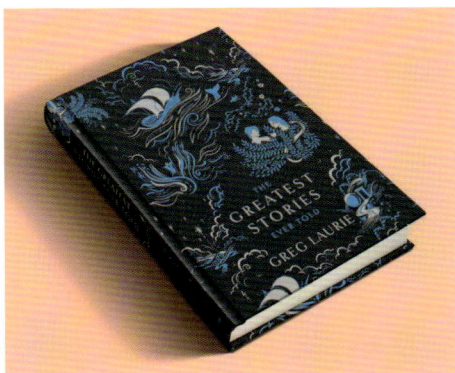

该封面材质细节丰富，以藏蓝色为背景色，钴蓝色为主体色，整体色调和谐统一，并与曲线的编排设计相结合，增强了书籍整体的艺术形式美感。

RGB=181,171,172 CMYK=34,33,28,0

RGB=130,126,127 CMYK=57,50,45,0

RGB=4,144,206 CMYK=79,35,9,0

RGB=50,62,78 CMYK=85,76,58,27

RGB=39,46,62 CMYK=87,82,62,40

该作品封面材质为牛皮纸，其具有较强的柔韧性与耐磨性，不仅可以很好地保护书芯内容，也可以增强书籍的个性感。

RGB=205,154,99 CMYK=33,8,9,0

RGB=244,219,2 CMYK=12,14,89,0

RGB=255,255,255 CMYK=0,0,0,0

RGB=217,216,211 CMYK=18,14,16,0

RGB=0,0,0 CMYK=93,88,89,80

5.2.3 开本

开本即书籍幅面的规格大小，是书籍装帧设计以及印刷技术中的专业术语。通常一张按国家标准分切好的平板原纸为全开纸，而一张全开的印刷用纸裁切成多少页又称开本或开数，常见的纸张开数有 16 开（多用于杂志类书籍）、32 开（多用于一般书籍）、64 开等（多用于小型字典、儿童绘本、连环画等书籍）。

设计理念： 时尚杂志 *VOGUE* 的开数规格为 16 开，封面以人物为主体，其文字编辑左多右少形成对比，给人以极具艺术感的时尚美。

色彩点评： 作品中主体文字为黄色，人物服装为蓝、绿相间，其色彩的过渡形成了较为强烈的层次感与视觉美感。

文字的编排充分利用了人们的视觉习惯，使文字大、小形成鲜明对比，进而增强了版面的主次关系。

封面中以深色为背景色，白色为文字主体色，强烈的色彩反差，形成了一目了然的视觉感受。

RGB=254,243,99 CMYK=73,6,8,0

RGB=2,158,85 CMYK=79,18,84,0

RGB=29,165,223 CMYK=73,22,7,0

RGB=23,39,55 CMYK=93,84,64,46

该作品是关于护肤品的书籍，其幅面与正方形相似，是典型的画册规格，规整的构图形式与其幅面相辅相成，具有较强的空间感与视觉形式感。

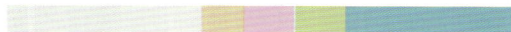

RGB=226,226,226 CMYK=13,10,10,0

RGB=226,200,158 CMYK=15,24,41,0

RGB=243,168,223 CMYK=11,44,0,0

RGB=196,213,139 CMYK=31,9,55,0

RGB=53,175,201 CMYK=71,15,23,0

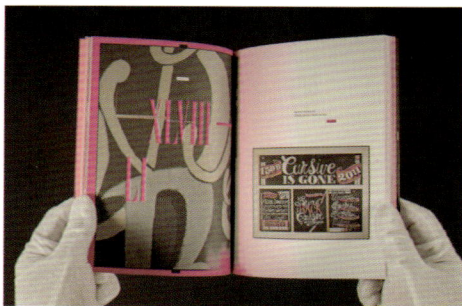

该作品的幅面规格为 32 开，是一般书籍的正常规格，页面中以洋红色为点缀色并灵活运用渐变效果，增强了书籍整体的时尚艺术氛围。

RGB=203,185,175 CMYK=24,29,29,0

RGB=177,149,128 CMYK=37,44,48,0

RGB=228,147,164 CMYK=13,53,22,0

RGB=231,37,124 CMYK=11,92,22,0

RGB=83,71,71 CMYK=71,71,66,26

5.2.4 版式设计

版式设计是现代书籍装帧设计中的重要组成部分，也是书籍的视觉传达手段之一，即通过对主题方向的充分了解，对版面中的图形、图像、文字及色彩等视觉元素进行有机的组合排列设计，进而营造版面的层次感与视觉冲击力，将其理性思维个性化地展现出来。常见的版式有：骨骼型、满版型、自由型、分割型、倾斜型、放射型及重心型等。

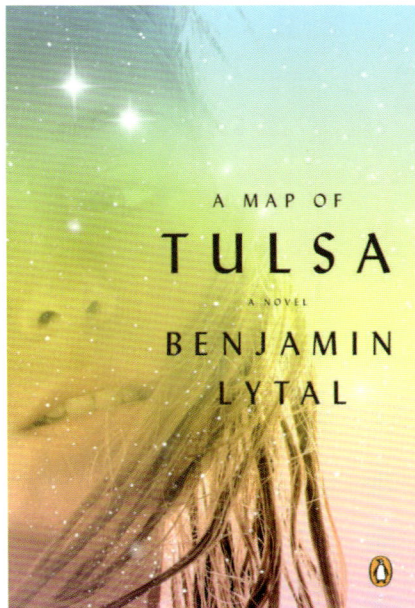

设计理念： 该作品在版式设计中运用了满版型构图，以人物形象填充整个版面，并运用渐变图层效果增强了版面的层次感。

色彩点评： 作品中以色彩三原色为渐变色层，色彩的巧妙过渡，形成了多种色彩，给人以色彩丰富，视觉饱满的视觉享受。

❶以白色光点为点缀，烘托了书籍的梦幻气息。

❷黑色文字编排疏密有序，具有较强的可视性。

❸右下角的标识虽然不大，但其存在的位置不容观者忽视。

■ RGB=182,223,245 CMYK=33,4,4,0
■ RGB=255,250,156 CMYK=5,0,49,0
■ RGB=234,189,212 CMYK=10,34,5,0
■ RGB=0,0,0 CMYK=93,88,89,80

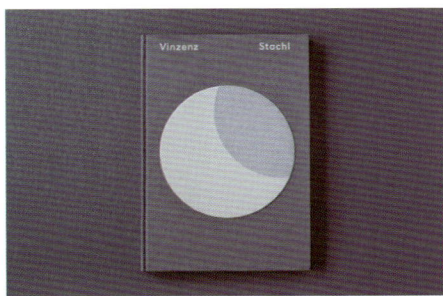

该作品运用了出血式分割的构图形式，版面边缘的留白增强了书籍整体的呼吸性，环状的视觉元素起着向导作用，使人的视线更为聚集。

RGB=242,242,243 CMYK=6,5,4,0
RGB=204,204,208 CMYK=24,18,15,0
RGB=196,195,199 CMYK=27,22,18,0
RGB=80,77,79 CMYK=73,68,63,22
RGB=0,0,0 CMYK=93,88,89,80

重心式构图具有明确、醒目的特点，以圆形为视觉重心点，并以同类色构造画面，提升层次感的同时，也增强了书籍整体的艺术形式感。

RGB=204,217,236 CMYK=24,12,4,0
RGB=175,184,199 CMYK=37,25,16,0
RGB=150,164,193 CMYK=47,33,15,0
RGB=71,84,118 CMYK=81,71,42,3
RGB=42,54,76 CMYK=89,81,57,29

5.2.5 字体、字号与行间距

字体即文字的外在形式特征，是文字的风格，其完美的外在形式与丰富的内涵是字体艺术性的体现；字号即文字的大小，一般来说，在书籍文章的正文中，中文字号在 7~10 之间，而英文字号在 9~12 之间；行间距即行与行之间的空白距离，在正常情况下，行间距具有较强的科学比例，且其合理与否会直接影响阅读书籍时的视觉感受及整体的视觉效果。

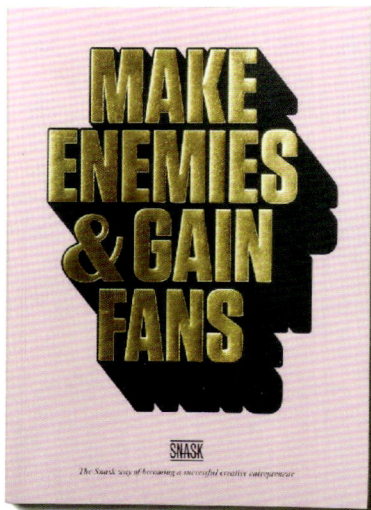

设计理念： 作品中以艺术字体为主要视觉点，并运用黑、白、灰关系为文字填充了黑色阴影，具有较强的视觉空间感。

色彩点评： 书籍以蔷薇紫为背景色，以质感较强的金色为主体色，黑色为辅助色，强烈的色彩反差使书籍形成了极具视觉冲击力的视觉效果。

🌸作品中的艺术文字灵活运用了单词的长短，增强了其视觉感染力，给人以错落有序的规整感，理性又不失活泼气息。

🌸版面中的视觉元素可分为三部分，且形成了点、线、面的视觉特点，设计感十足。

RGB=242,200,220 CMYK=6,30,3,0
RGB=132,98,8 CMYK=54,62,100,13
RGB=29,43,52 CMYK=89,79,68,48
RGB=0,0,0 CMYK=93,88,89,80

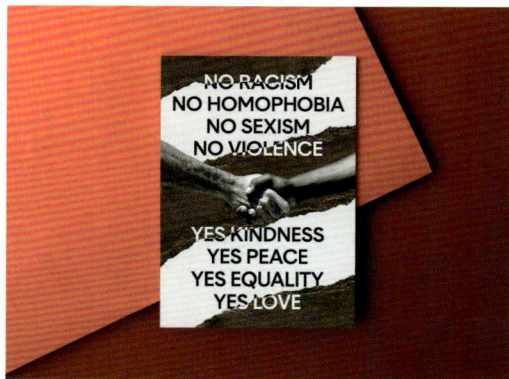

版面中文字信息编排合理、有序，字体样式严谨、规整，与骨骼型的构图方式相辅相成，呼应主题的同时也增强了整体的视觉效果。

RGB=78,153,185 CMYK=70,31,17,0
RGB=0,129,113 CMYK=85,39,63,0
RGB=96,100,109 CMYK=71,61,51,5
RGB=255,255,255 CMYK=0,0,0,0
RGB=0,0,0 CMYK=93,88,89,80

版面中文字明度对比鲜明，且与背景相互交融，具有层次感的同时又给人以浑然一体的视觉效果。

RGB=74,61,53 CMYK=70,71,76,38
RGB=255,255,255 CMYK=0,0,0,0
RGB=239,239,239 CMYK=8,6,6,0
RGB=82,82,82 CMYK=73,66,63,19
RGB=0,0,0 CMYK=93,88,89,80

5.3 书籍装帧的装订形式

　　书籍装订是书籍装帧设计的最后阶段，其中包括装和订两部分，"装"是指书籍封面加工，"订"是指书籍书芯加工，即顺序整理书页、连接、缝合、装背、上封面等加工程序。与此同时，书籍装订的形式有平装、精装、活页装、散装装订，而不同的装订形式可以使书籍产生不同的视觉效果。

- ◆ 平装书籍装订形式包括骑马订、平订、锁线订、无线胶背订、锁线胶背订。
- ◆ 精装书籍装订形式包括圆背精装、方背精装、软绵精装。
- ◆ 活页装装订形式有纽带式、螺钉式、螺旋线订式和弹簧夹式等。
- ◆ 散装装订主要用于造型艺术作品、摄影图片、教学图片、地图、统计图表等。

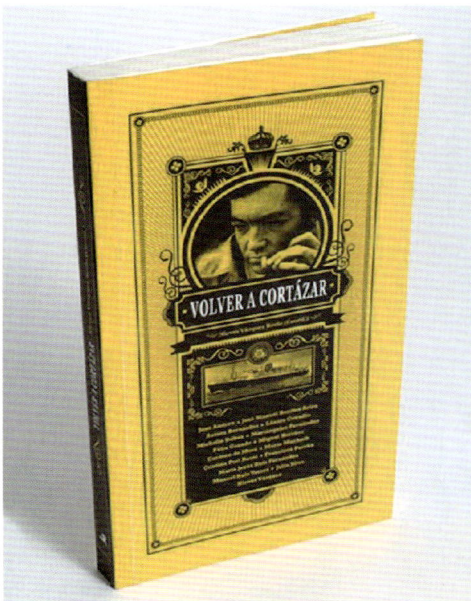

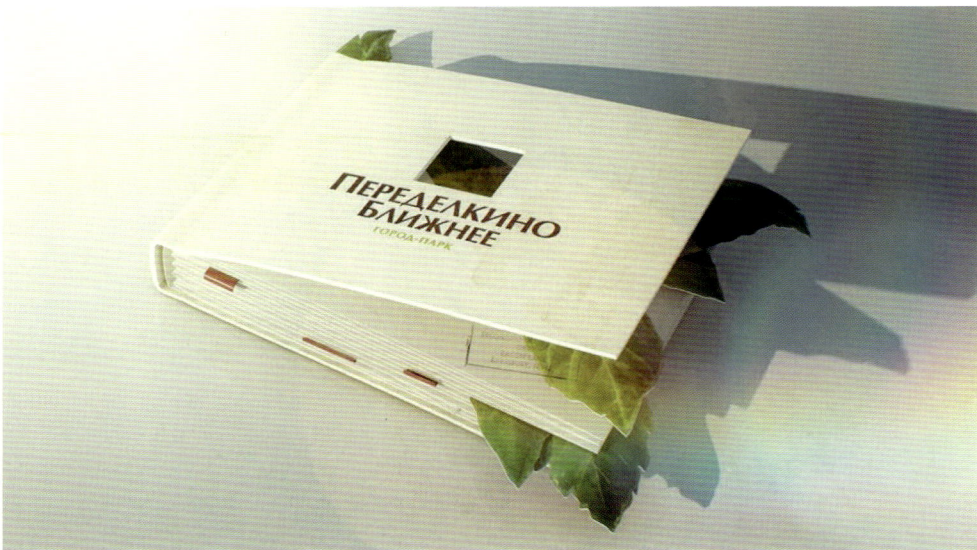

5.3.1 平装

平装是结合包背装与线装的优点后，进行改革的一种常见的书籍装帧形式，又称简装。该种装订方式方法简单，且成本较低，较适于篇幅少、印数大的书籍。主要工艺包括折页、配页、订本、包封面和切光书边，一般采用纸质封面。平装书籍的装订形式一般有骑马订、平订、锁线订、无线胶背订、锁线胶背订等。

设计理念： 该书籍运用的是平订的装订形式，具有坚固、耐用的特点。

色彩点评： 书籍整体为灰色调，并运用色彩的明度使其视觉元素层次更为清晰，封面紫色的点缀与下切口（书根）颜色相互呼应，具有较强的艺术特点。

🍃❶书脊文字与封面相互呼应，形成了完整、统一的视觉感受。

🍂❷封面以文字为主，并运用文字的外形特点，进行翻转，规整的同时也活跃了书籍的整体氛围。

平 订

- RGB=210,211,213 CMYK=21,15,14,0
- RGB=134,128,128 CMYK=55,49,45,0
- RGB=206,177,243 CMYK=26,34,0,0
- RGB=158,135,191 CMYK=46,51,4,0

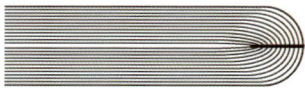

骑 马 订

该作品运用了骑马钉的装订形式，简单的工艺营造出了不简单的艺术氛围，分割的构图形式给人以既理性又感性的视觉感受。

- RGB=229,228,233 CMYK=12,10,6,0
- RGB=178,177,183 CMYK=35,29,23,0
- RGB=151,147,152 CMYK=47,41,35,0
- RGB=83,72,70 CMYK=70,70,67,27
- RGB=255,103,69 CMYK=0,73,68,0

锁线胶订

该作品采用了锁线胶订的装订形式，封面中运用颜色的渐变巧妙营造了整体的艺术韵味，线的融入增强了整体的形式美感。

- RGB=252,243,210 CMYK=36,2,3,0
- RGB=227,201,174 CMYK=14,24,32,0
- RGB=128,195,185 CMYK=54,9,33,0
- RGB=124,132,134 CMYK=59,46,44,0
- RGB=83,87,73 CMYK=72,61,71,20

5.3.2 精装

精装的装订方式是现代主要装订形式之一，是书籍中造价较高且工艺复杂的一种装订形式。该种装订方式不仅设计精美，同时也结实耐用。精装书籍的工艺要求较高，主要用于经典专著、画册、收藏文献、词典等页数较多且需长期保存的书籍。精装书籍一般可分为圆背精装、方背精装及软绵精装三大类。

设计理念： 该作品运用了圆背精装的装订形式，增强了书籍的厚度感的同时，也烘托了书籍的饱满、尊贵的视觉感受。

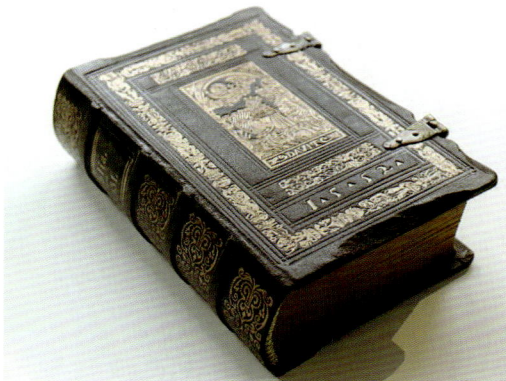

色彩点评： 书籍整体以深棕色为主体色，以米色为辅助色，同类色的运用与书籍花纹相结合，形成了层次感十足的视觉感受。

🎨书脊的起脊与起脊之间间隔相同，且与书脊形成凹凸有序的视觉特点，具有较强的艺术性。

🎨封面中米色花纹的设计使书籍线框感十足，且增强了整体的端正感。

- RGB=229,224,221 CMYK=12,12,12,0
- RGB=233,218,197 CMYK=11,16,24,0
- RGB=190,168,144 CMYK=31,36,43,0
- RGB=75,73,86 CMYK=76,72,57,19

该作品采用了方背精装的装订形式，整体色调极具复古气息。封面以层次分明的猫头鹰填充整个版面，给人以挺拔、高端的视觉感受。

- RGB=176,252,250 CMYK=33,0,12,0
- RGB=108,146,99 CMYK=65,34,71,0
- RGB=227,159,60 CMYK=15,45,81,0
- RGB=255,255,255 CMYK=0,0,0,0
- RGB=57,41,41 CMYK=73,79,75,52

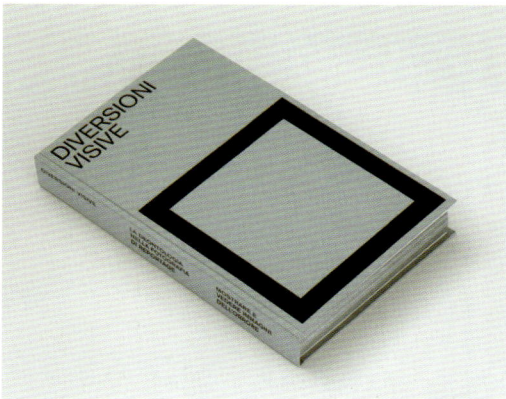

该作品在书籍装订形式中运用了方背精装的装订形式，书籍整体以简为主，给人以朴实、平整有现代感的特点。

- RGB=162,176,177 CMYK=42,26,28,0
- RGB=0,0,0 CMYK=93,88,89,80

5.3.3 活页装

活页装是一种灵活的装订形式，即将裁切整齐且排序完成的书页在订口处打孔，再进行环扣安装，又称环订。该种装订形式封面和书芯不作固定订联，可以随时加、减书页。此外，常见的活页装订形式可分为有穿孔结带活页装和螺旋活页装。

设计理念： 作品中灵活运用书籍开本的特点，使页面形成相互分离，又相互统一的视觉特点，同时又具有分割型构图的视觉特征。

色彩点评： 作品以带有黑色线描的白色页面为背景，并以色彩柔和、饱满的图片为视觉重心点，极具文艺复古气息。

1 活页的装订形式使书籍的灵活程度大大提升，不固定的订装，使该页面层次感更为强烈。

2 页面边缘的虚线边框使版面空间加以固定，给人以线框感十足的视觉感受。

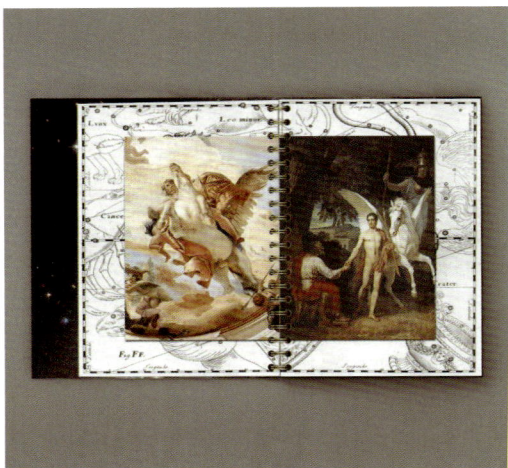

RGB=255,255,255 CMYK=0,0,0,0

RGB=240,233,214 CMYK=8,9,18,0

RGB=197,101,61 CMYK=28,71,80,0

RGB=32,43,45 CMYK=86,76,73,52

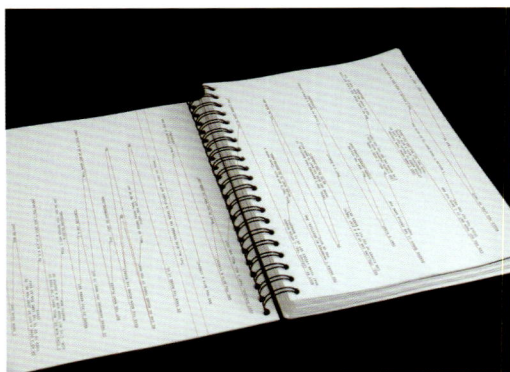

该作品以雪白色为背景色，使版面中的视觉元素得到了更好的体现，且文字信息用线连接，增强了整体的视觉导向性、规整性与可视性。

RGB=236,241,246 CMYK=9,4,3,0

RGB=193,174,179 CMYK=29,33,24,0

RGB=0,0,0 CMYK=93,88,89,80

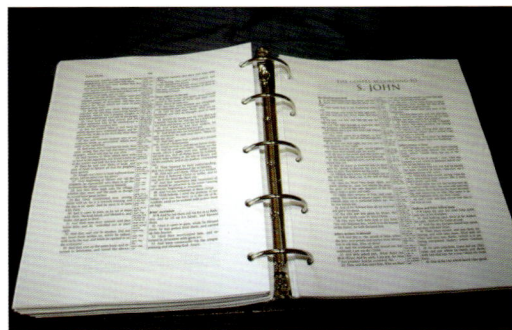

该作品的内页设计左右相对对称，均衡、平衡的构图形式给人以强烈的理性感与严谨感，且整体以文字为主，并运用"留白"的设计手法缓解了过多文字的乏味感，给人以足够的想象空间。

RGB=98,61,19 CMYK=59,74,100,36

RGB=82,41,13 CMYK=61,82,100,49

RGB=29,33,32 CMYK=84,78,78,61

RGB=255,255,255 CMYK=0,0,0,0

RGB=0,0,0 CMYK=93,88,89,80

5.3.4 散装装订

散装装订即将零散状的印刷品切齐后，用封袋、纸夹或盒子装订在一起，其内页呈散页状。具有独特的视觉特点，且阅读方便，但容易零散，不易保管。散装装订主要用于造型艺术作品、摄影图片、教学图片、地图、统计图表等。

设计理念： 该作品是关于教学的儿童读物，以卡通形象为主体，呼应儿童主题，具有充满童趣的视觉感受。

色彩点评： 整体色调鲜明，具有明快、鲜活的视觉感受，与儿童这一阅读群体相呼应，具有阳光、活泼的视觉印象。

🎨① 内页的编排在版式设计中运用了重心式构图，简洁的构图形式给人以醒目的视觉感受，使阅读人群可以更直接、简单的了解其内容。

🎨② 文字色彩丰富，具有较强的活力感。

- RGB=255,255,255 CMYK=0,0,0,0
- RGB=194,63,68 CMYK=30,88,71,0
- RGB=127,182,160 CMYK=57,13,91,0
- RGB=113,181,222 CMYK=58,19,9,0

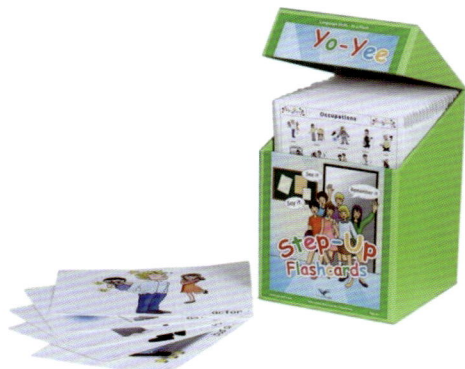

该作品的散页呈拼图形状，既传达了知识信息，又具有提升动手动脑能力的作用。封面中运用了分割型构图，且色彩明度较高，具有较强的视觉感染力，进而提高作品的视觉效果。

- RGB=252,198,2 CMYK=5,28,90,0
- RGB=62,105,140 CMYK=81,58,35,0
- RGB=255,255,255 CMYK=0,0,0,0
- RGB=104,149,217 CMYK=64,37,0,0
- RGB=6,145,42 CMYK=82,27,100,0

该作品是关于教育系列的散装读物，作品封面文字呈斜向的视觉流程，给人以勇往直前、动感十足的视觉感受。

- RGB=239,125,,79 CMYK=7,64,67,0
- RGB=234,85,164 CMYK=11,79,0,0
- RGB=238,243,26 CMYK=16,0,84,0
- RGB=89,198,231 CMYK=61,5,12,0
- RGB=255,205,125 CMYK=2,27,55,0

5.4 设计实战：不同的书籍装帧形式设计

5.4.1 书籍装帧结构设计说明

书籍装帧的结构设计：

狭义来讲，在书籍装帧设计中，其设计主要是针对书籍的封面、书脊、封底这些书籍外观部分的设计，而一个完整的实际装帧设计通常被分为不可或缺的常态结构与具有特殊性质的拓展结构两部分。其中，常态结构包括封面、封底、书籍、扉页、护封、勒口、环衬、插图、其他页等；拓展结构包括书函、腰封、订口（切口）、飘口、书签条、堵头布、书槽等。

设计意图：

书籍装帧设计是书籍的外在形式表现，也是一种艺术设计，不仅具有保护书籍的作用，同时还具有独特的艺术视觉美感。在书籍装帧设计中，其形式设计永远服务于书籍内容，只有书籍的内容与形式高度统一，才能够给受众传达相应的主题思想与设计理念，进而提升书籍美观度，给读者以赏心悦目的视觉体验。

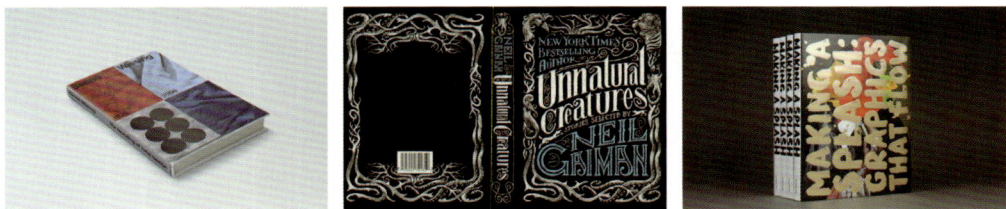

用色说明：

该作品以巧克力色为背景色，并运用明度较高纯度较低的红棕色作装饰图案，不仅丰富了画面，同时也增强了书籍整体的层次感。以橙黄色为主体色，红色为点缀色，文字颜色之间灵活运用色彩的明度与纯度的差异，给人以主次关系明确、一目了然的视觉感受，整体颜色色调一致，具有和谐、稳定的视觉效果。

特点：

◆ 书籍风格明确、思路清晰，具有一目了然的视觉定位。

◆ 灵活运用了色彩的明度、纯度差异，营造了层次分明的视觉特征。

◆ 字体风格一致，强化主题视觉语言。

◆ 色彩搭配和谐统一且风格明确，具有较强的视觉感染力。

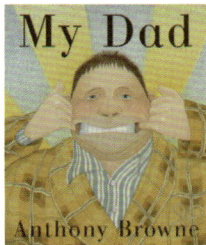

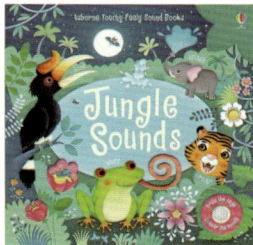

书籍装帧设计的结构设计

封　面	分　析

同类欣赏：

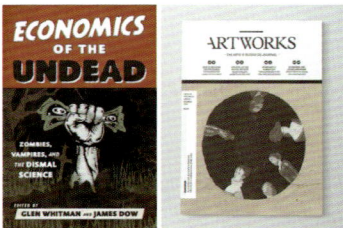

- 该版面为儿童幽默读物的封面设计作品，在版式设计中灵活运用了"面"的空间分割特征，使画面形成了分割型的构图方式，且色彩明度、纯度对比鲜明，给人以较强的视觉冲击力。
- 作品中的字风格一致，风格鲜明，与主题方向相辅相成。
- 画面中以巧克力色为背景色，并运用色彩的明度差异做同类色装饰图案，增强了画面的细节感。以橘黄色为主体色，红色为点缀色，决定了书籍整体的色彩基调的同时，为画面增添了较强的活力感，与主题定位一脉相承。

封　底	分　析

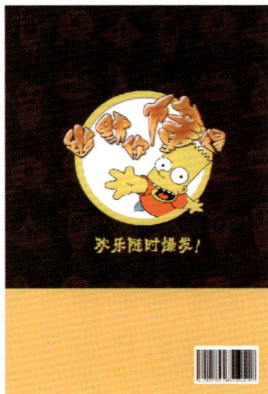

同类欣赏：

- 这是该书籍的封底设计。封底是书籍封面元素的补充和总结，与封面紧密相连，因此封底的构图设计与封面相似，同时也包括了条形码等重要视觉元素，保证了书籍的完整性。
- 画面中主体图像与封面图像大小形成对比，给受众传达了较为清晰的主次关系，具有一目了然的视觉特征。
- 画面中图文并茂，且主体图像色调与下方色块颜色相呼应，形成了更为和谐、统一的完整感。言简意赅的构图形式为画面增添了更为强烈的视觉冲击力。

书　脊	分　析

同类欣赏：

- 书脊是书籍的第二视觉语言，既可以保护书籍，又可以展现书籍风格，方便读者查阅。该书籍的书脊图案与封面图案相连接，进而展现了书脊的延展性。
- 书脊文字简约而不简单，既展现了书籍的主要信息，还强化了书籍的风格，给人以活泼、亲和的视觉感受。
- 书脊主体文字与相关信息文字大小、粗细均形成鲜明对比，给人以醒目、清晰的视觉感受，且渐变效果的增加，丰富了书籍的细节感。

勒　口	分　析

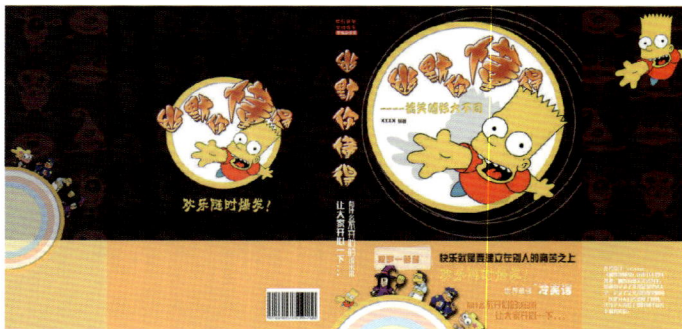

同类欣赏：

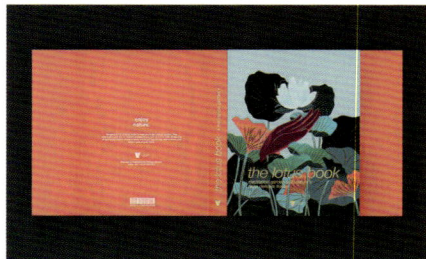

- 该作品为书籍勒口设计展示。勒口是书籍内容的再延续，具有保护书籍，避免书籍在储藏或翻阅的过程中受到折损的作用。
- 画面中勒口色调为棕红色，与封面、封底色调和谐、统一，且具有较强的层次感。
- 该书籍的勒口设计与封面风格一致，图像的编排延续了书籍封面内容，给人以和谐、完整的视觉感受。

书　函	分　析

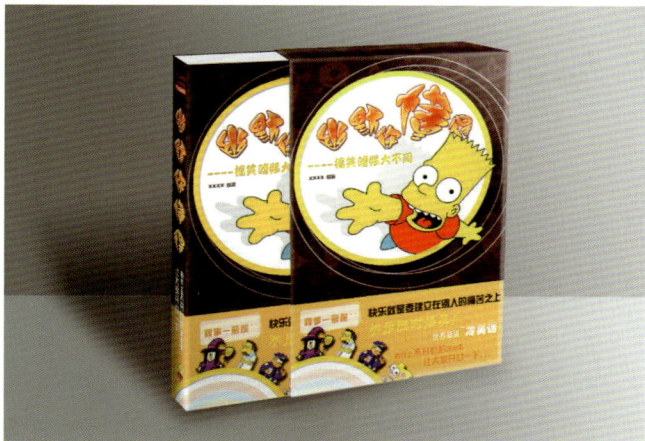

同类欣赏：

- 这是书籍的书函设计。书函是书籍的保护封套，不仅具有便于携带与收藏的作用，同时还提高了书籍的品质。
- 该书籍书函的视觉元素与书籍封面相同，没有夸张的改变，将封面的视觉元素以最还原的状态展现在读者面前，给人以一目了然的视觉体验。
- 该书籍书函材质为纸板，纸板造价相对较低，且平滑度高，可以轻松打造简洁的外观与良好的色彩匀度，给人以赏心悦目的视觉体验。

腰　封	分　析

同类欣赏：

- 该作品为书籍的腰封设计。腰封是护封的一种形式，具有内容介绍、补充说明、宣传促销、丰富封面，以及增添艺术感的作用。
- 该书籍的腰封以红色为主色调，并运用书籍封面主体元素为主要视觉元素，提升了书籍醒目度，以此增强读者的阅读兴趣。
- 在该书籍的腰封设计中，文字编排主次有序，层次分明，在无形之中形成了较为清晰的视觉流程，以此引导读者视线，增强书籍视觉效果。

第 **6** 章　书籍装帧色彩的视觉印象

经典 / 简约 / 唯美 / 科技 / 时尚 / 热情 / 高端 / 朴实 / 浪漫 / 趣味 / 童趣 / 复古 / 美味

在设计师眼里，色彩不单单是色彩，更是一种具有灵魂的视觉印象。在书籍装帧设计中，色彩是书籍的第一视觉语言，更是情感的直接传递，当人们看到一本书时，其装帧设计的色彩给我们的视觉感受是最为强烈的，并借助色彩的视觉特征及人们的视觉心理，巧妙运用色彩的色相、明度及纯度之间的协调配合，使书籍形成各具特征的视觉印象。色彩是书籍装帧设计的关键所在，在书籍装帧设计中合理运用色彩搭配，才能使书籍装帧传达出正确的主题思想内容，才能使作品达到其设计目的并实现自身价值。

◆　时尚感的书籍装帧设计作品多用于时尚杂志类，且没有固定的色彩搭配，通过色彩的巧妙应用与搭配，可以衬托出书籍大气、稳重、前卫、华丽的特点。

◆　高端感即高层次、高品位，是一种对生活价值观的态度，同时也是一种生活品位与生活格调的象征。

◆　浪漫感的书籍装帧设计多运用粉色与紫色来营造，柔和的粉色与紫色具有神秘、梦幻华丽的视觉感受，且常被应用于与女性有关的杂志、书籍或言情小说等。

◆　复古感不代表古板、过气，而是对历史文化的深层追求，在书籍装帧设计中，需将一切视觉元素进行系统化地还原成旧事物的现象，追求一种皇家贵族气息，气势宏大且华丽堂皇。

　　经典即流经于世，经过历史筛选的丹青妙笔的文学创作或金科玉律的典故及意义深远的文化遗产等都可以称之为"经典之作"，经典通常是最有价值的，最具代表性的，且堪称最完美的作品。经典是理性的也是感性的，并非所有个人认为有价值的作品都可以称为经典，如果过于滥用"经典"，那么它的意义也将不复存在。

　　经典型的书籍装帧极具典范性与权威性，多为经久不衰的万世之作，且具有书籍本身的价值与意义。经典是通过个人独特的价值观与世界观来进行创作与设计的，是不可重复的艺术创造产物，具有开放性、超越性和多元性的特点。在设计中，经典的价值定位必须成为民族语言和思想的象征符号。

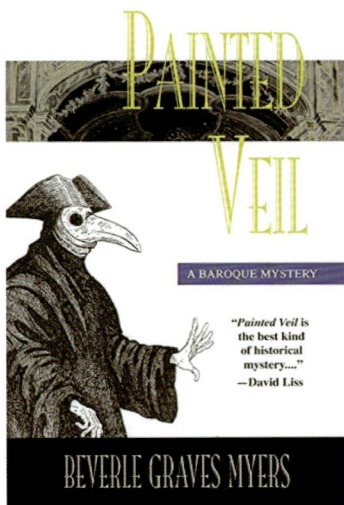

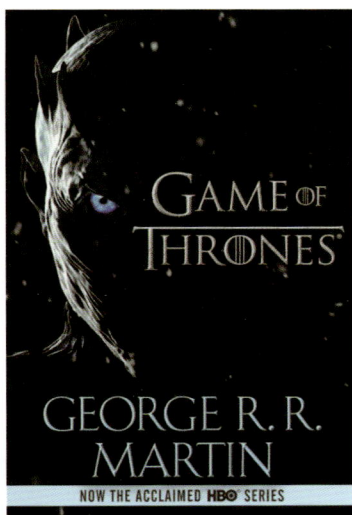

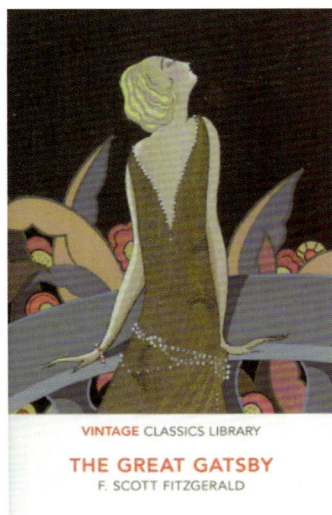

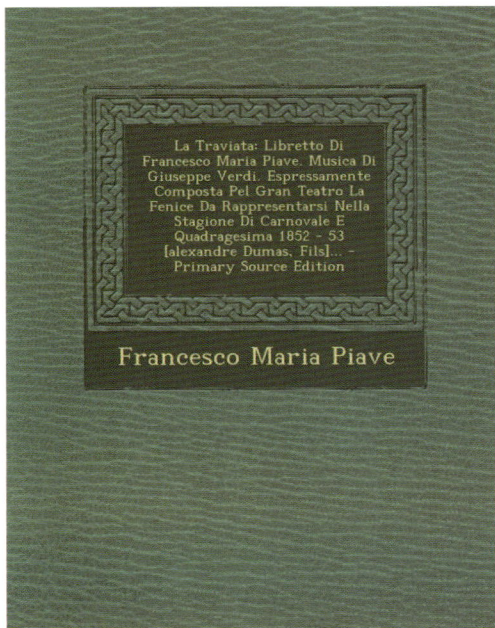

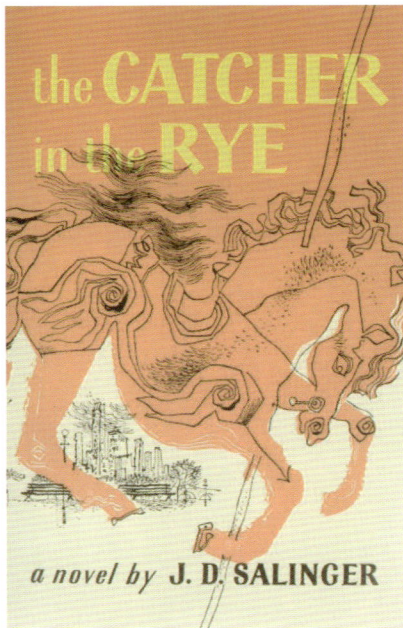

6.1.1 经典类的书籍装帧设计

设计理念： 该作品为书籍《简·爱》的封面，在设计中，按照黄金比例进行分割编排，使封面形成了既感性又理性的视觉特点。

色彩点评： 色相的强烈差异使封面形成了强烈的视觉冲击力，且简洁的用色使封面形成了一目了然的视觉感受。

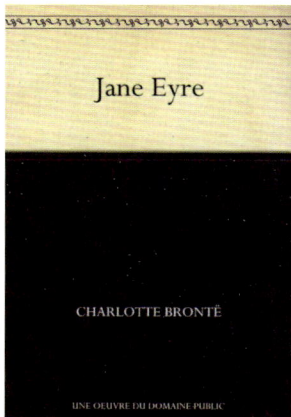

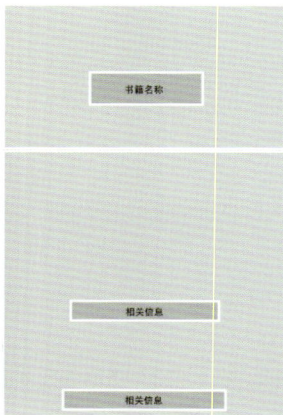

🌰 封面的字体与配色一脉相承，具有浓厚的历史感与艺术气息。

🌰 对称的视觉流程，给人留下了既均衡又平稳的视觉印象。

🌰 文字以线的形式进行编排设计，且字体的粗细、大小形成鲜明对比，主次分明。

- RGB=255,255,255 CMYK=0,0,0,0
- RGB=2511,235,183 CMYK=4,10,34,0
- RGB=37,14,68 CMYK=95,100,62,31
- RGB=0,0,0 CMYK=93,88,89,80

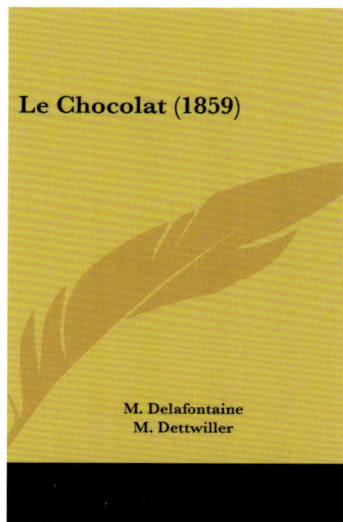

该作品为经典小说《浓情巧克力》的封面设计作品，同类色的运用使封面形成了较为强烈的层次感，黑色文字与下方黑色色条相互呼应，形成了均衡的美感。

- RGB=231,192,53 CMYK=16,28,84,0
- RGB=217,154,49 CMYK=20,46,86
- RGB=229,211,173 CMYK=14,19,35,0

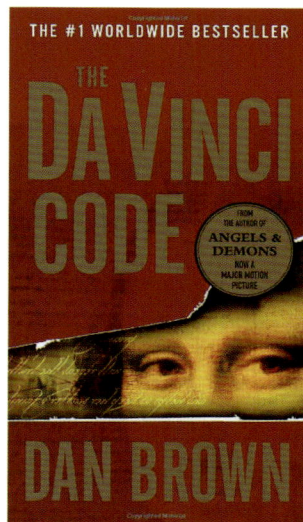

该经典著作为《达·芬奇密码》，在装帧设计中，牢牢地抓住了人们的视觉心理，巧妙的分割使其形成了较强的神秘感，进而吸引了人们的视觉点。

- RGB=180,220,194 CMYK=36,3,31,0
- RGB=69,85,72 CMYK=77,60,72,22
- RGB=11,77,50 CMYK=90,58,91,32
- RGB=255,255,255 CMYK=0,0,0,0
- RGB=0,0,0 CMYK=93,88,89,80

"面"是"线"的运动轨迹所形成的产物，且具有较强的空间分割特点，可以增强书籍的视觉冲击力，同时还具有较强的形式感，起到强化主题的作用。在设计中，只有达到形式与内容相统一，才能达到作品的最高诉求。

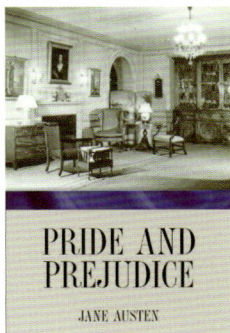

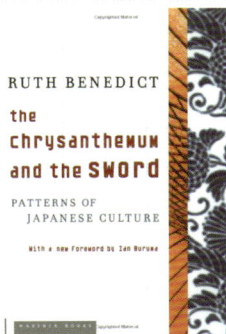

书籍《傲慢与偏见》的封面在设计中，运用面的空间分割特点将其分割成了两大部分，上图下文，思路清晰，给人以一目了然的视觉感受。

《菊与刀》的封面左文右图，并遵循了黄金分割比例使封面形成了既和谐又稳定的视觉美感。对比色的运用更加强化了整体的视觉感染力。

配色方案

双色配色	三色配色	四色配色
	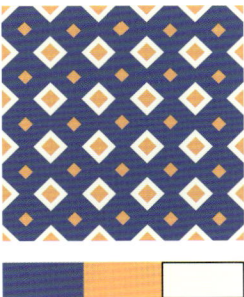	

经典类书籍装帧设计赏析

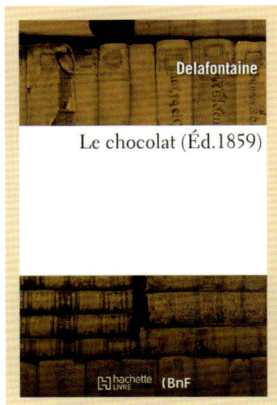

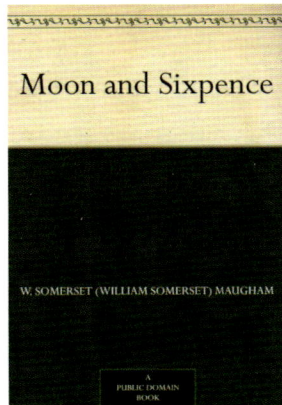

6.2 简约

　　在书籍装帧设计中，简约泛指设计中视觉元素的简洁化，以有力的语言概括整体，以一目了然的编排设计抓住人们的视觉心理，将其色彩、构图等简化到最少的程度，且对其构图与创意有着较高的要求。如封面以书籍名称为重心点，作者及相关内容以最简洁的形式编排在其上；内页运用简洁的色彩，醒目的字体，使其主题思想突出，以最直接的形式将其目的展现得淋漓尽致。

　　简约型书籍装帧的色彩搭配通常遵循着单纯明快的设计原则进行艺术创作，其特点是简明扼要，没有多余内容，且完整严谨，使书籍形成一种舒适、清晰、醒目、和谐的视觉感受。简约不是简单，而是以少胜多的重要手段，是更强劲有力、精益求精的视觉传达方式。

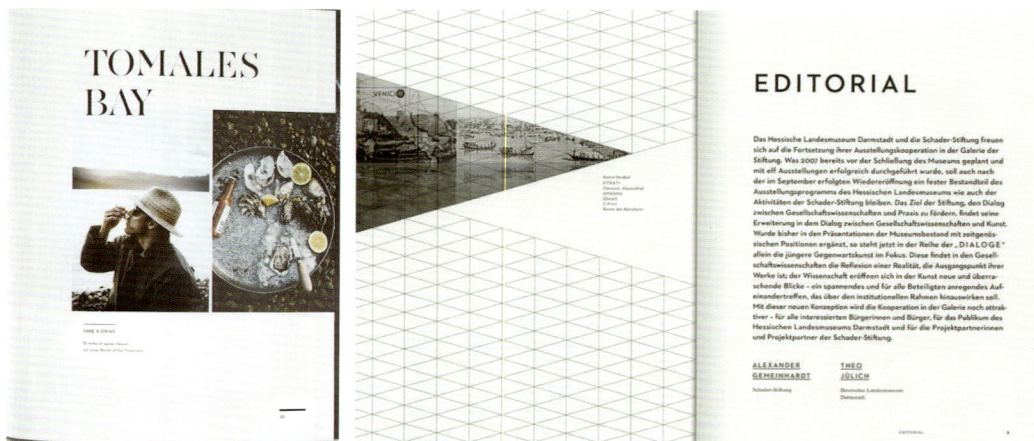

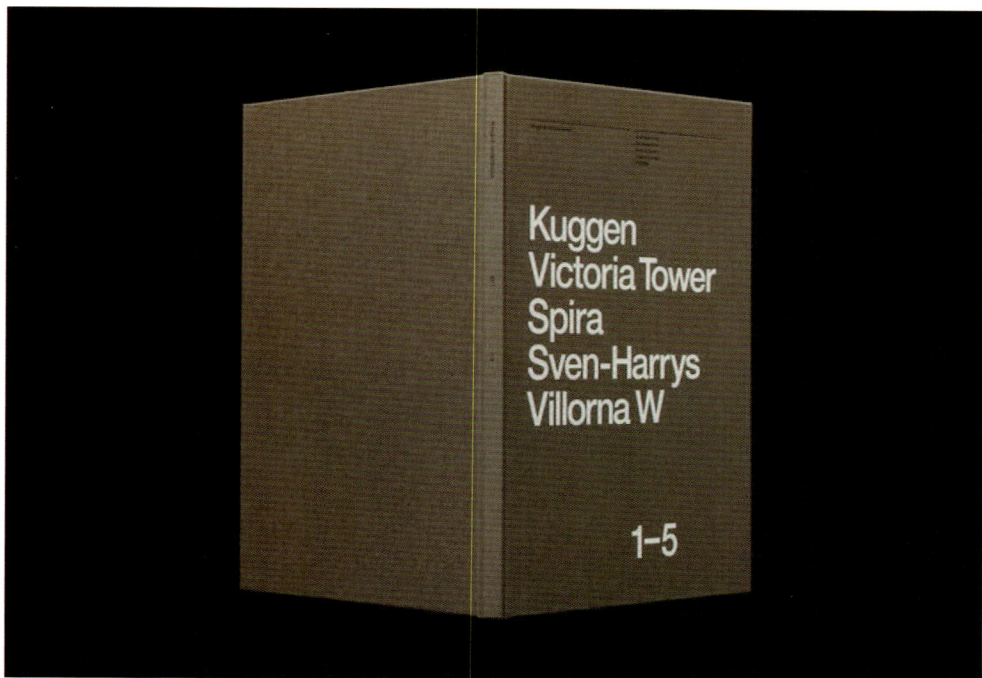

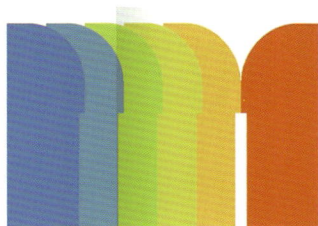

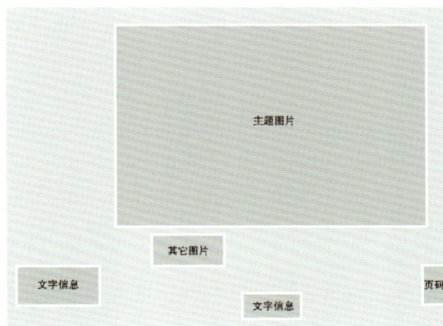

设计理念：该作品在装帧设计中，运用了黄金分割比例，使主题图片占据了整个封面的三分之二，使其形成了较为自然，且和谐舒适的视觉美感。

色彩点评：在设计中，以最简洁的颜色背景，凸显了整个版面的所有视觉元素，色彩的递进使其形成了较为强烈的层次感。

❶丰富的色彩不但没有影响整体的简约性，反而增强了画面的视觉感染力，给人以既简洁又富有活力的视觉感受。

❷自由型的构图随性但不随意，具有简约而不简单的视觉特点。

- RGB=213,207,1 CMYK=26,15,93,0
- RGB=218,24,21 CMYK=17,98,100,0
- RGB=12,95,173 CMYK=90,64,8
- RGB=0,0,0 CMYK=93,88,89,80

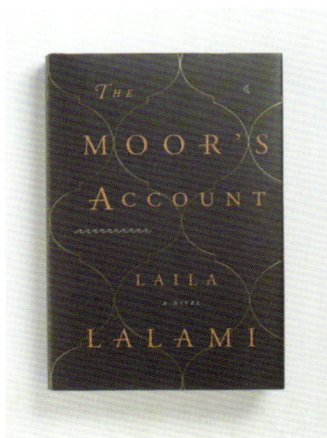

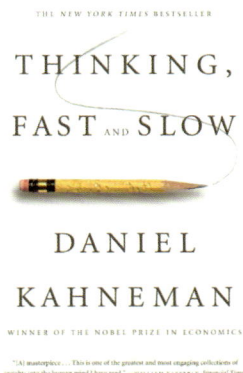

书籍《摩尔人的描述》在装帧设计中，运用了满版型构图，以金色印花铺满整个版面，不但没有杂乱的视觉现象，反而增强了整体的艺术氛围。

- RGB=152,173,176 CMYK=47,27,29,0
- RGB=24,52,74 CMYK=94,82,58,31
- RGB=195,176,144 CMYK=29,32,44,0
- RGB=96,84,62 CMYK=66,64,78,23
- RGB=210,112,85 CMYK=22,67,64,0

该封面以象牙白为背景色，黑色为主体色，给人以既简洁又极其富有情感的感觉。且黄色的点缀恰到好处，起到画龙点睛的作用。

- RGB=220,220,218 CMYK=16,12,13,0
- RGB=210,209,205 CMYK=21,16,18,0
- RGB=252,201,84 CMYK=5,27,72,0
- RGB=254,253,149 CMYK=1,1,3,0
- RGB=53,52,50 CMYK=78,73,73,45

6.2.2　简约型书籍装帧的设计技巧——运用色彩统一强化空间层次

　　一个好的书籍装帧设计的前提就是主次分明，色彩统一即配色、用色色相相近，没有较大的差异，是装帧设计配色方案中的一种独特风格，总能给人以和谐、舒适的视觉感受。同色系与邻近色的色彩通常具有较强的层次感与空间感，使版面既简洁舒适又层次丰富。

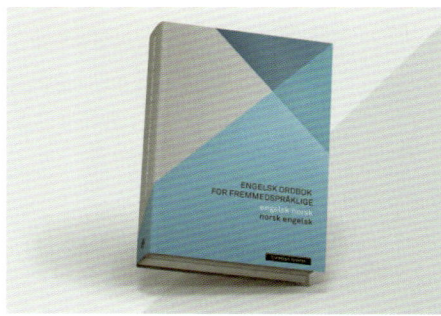

　　黑、白、灰具有较强的空间感与层次感，且亮灰的色块起到强调文字的作用，给人以更清晰醒目的视觉感受。

　　色块的分割使其形成了既理性又富有层次感的视觉特点，且相交点位于黄金分割点，产生了较为和谐的美感。

配色方案

双色配色　　　　　　　三色配色　　　　　　　四色配色

简约型书籍装帧设计赏析

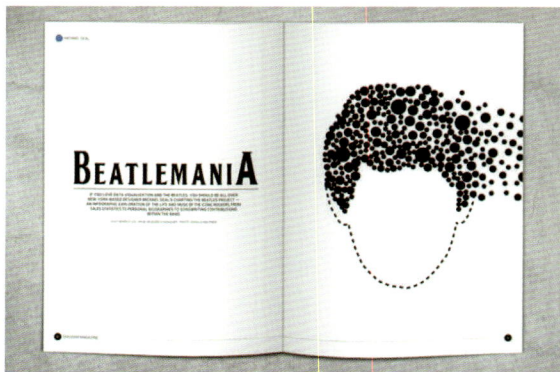

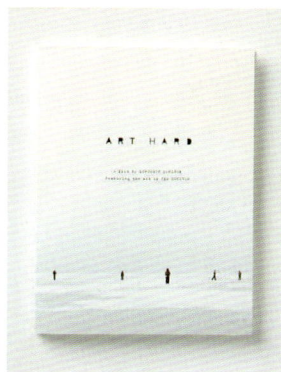

6.3 唯美

　　唯美是书籍装帧的一种视觉艺术，也是一代人的审美要求，即对"美"的形容与定义。可指事物的外表、或故事的情节、或人物形象、或生活琐事，都可用"唯美"来形容，但多形容视觉审美、画面感、心灵纯净及经典主题的视觉印象等，唯美没有衡量的标准，只有永恒的审美。

　　唯美与超唯美具有强弱的差别，超唯美即追求根本面貌的至美，是最接近人心灵审美形态，追求其灵魂的清澈。唯美追求的是其意境的高雅、意义的深远，以及艺术的境界。唯美对于书籍装帧也产生了较为深远的影响。唯美风格被广泛应用于各大类别书籍领域，如美食类、言情类、时尚杂志类、艺术类、美妆类等。唯美型的书籍装帧设计作品通常具有浓厚的浪漫气息，总能给人留下雅致、闲适的视觉印象。

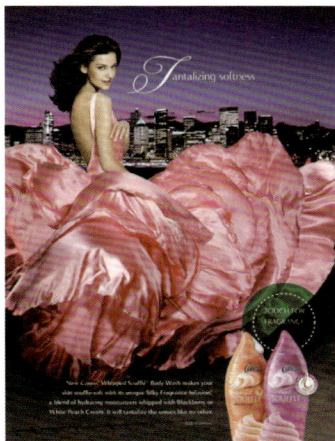
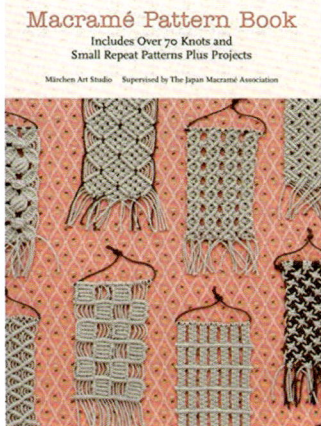
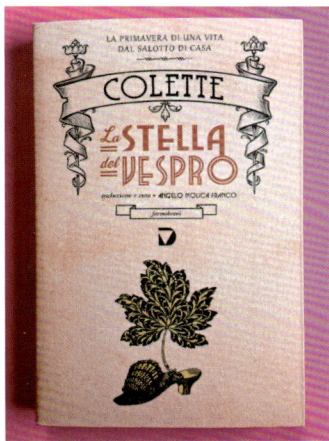

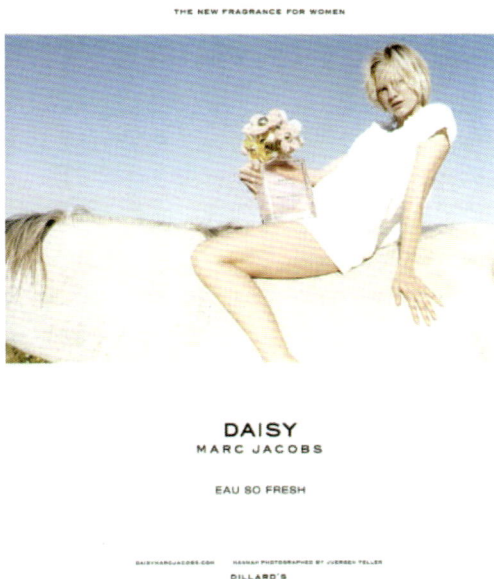

6.3.1 唯美型的书籍装帧设计

设计理念：该作品为某杂志的内页设计，其内容为某品牌化妆品的宣传广告，以玫瑰为背景，商品置于中间位置，以最直接的形式展现了产品的浪漫特点。

色彩点评：以淡雅的粉色为主色调，强调了整体的情感基调，明确了产品的受众群体与情感特征。

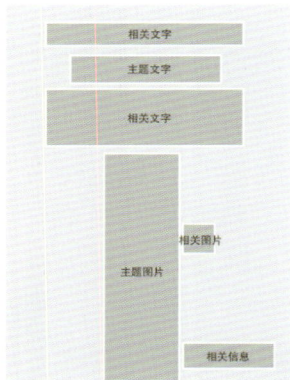

🎨运用了垂直的视觉流程，商品与文字呈垂直状，使页面在保持平稳的同时也强调了主体。

🎨文字之间层次清晰，主次分明，具有清晰、一目了然的视觉特点。

RGB=254,250,247 CMYK=1,3,3,0

RGB=242,196,206 CMYK=6,31,11,0

RGB=249,207,167 CMYK=3,25,.36,0

RGB=0,0,0 CMYK=93,88,89,80

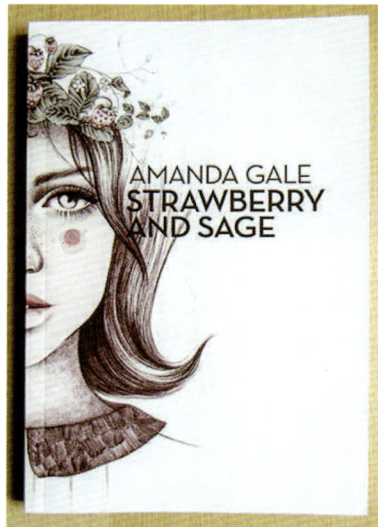

杂志的封面风格是内容风格的总的定位,作品以唯美的女性形象充满整个版面,字体的编排简洁醒目,形成了温婉而又清新的视觉美感。

RGB=192,196,102 CMYK=33,18,69,0

RGB=158,204,230 CMYK=22,45,64,0

RGB=241,208,175 CMYK=7,23,33,0

RGB=255,255,255 CMYK=0,0,0,0

RGB=0,0,0 CMYK=93,88,89,80

该作品以带着花环的插画人物形象为主题图片,半脸的设计给人以神秘而又美艳的视觉感受,文字部分位于封面的视觉重心点,文字说明的同时也强调了主题思想。

RGB=234,233,236 CMYK=10,8,6,0

RGB=195,165,181 CMYK=23,39,19.0

RGB=107,66,80 CMYK=63,79,59,18

RGB=255,255,255 CMYK=0,0,0,0

RGB=0,0,0 CMYK=93,88,89,80

唯美型书籍装帧的设计技巧——运用书脊与封面的呼应强化主题

在书籍装帧设计中，书脊的文字编排具有一定的作用与美感，且书脊的文字多以书籍名称为主，方便人们查阅，让人们准确快速地找到该书籍，与此同时书籍文字的设计又与封面相呼应，起到强化主题的作用。

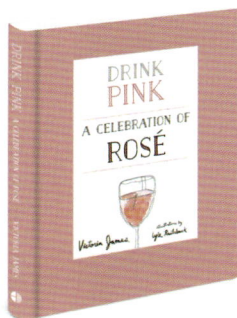

该作品以浪漫柔软的粉色为主色调，书脊的文字与封面文字相互呼应，形成了较为统一的视觉美感。

该作品中书脊采用了白色字体，与封面的白色色块相辅相成，使其色彩分布均匀，进而增强了设计的稳定感。

配色方案

双色配色	三色配色	四色配色

唯美型书籍装帧设计赏析

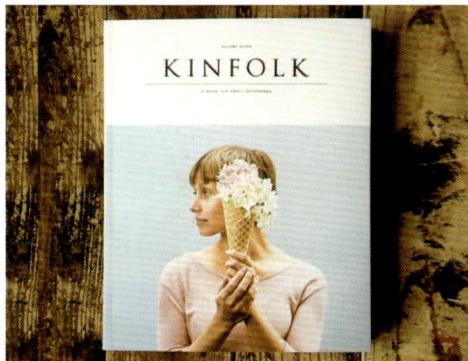

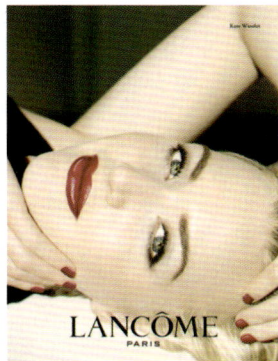

6.4 科技

　　科技即科学技术的科学术语,多指超越现实科技的科学技术,以科学解决理论问题,且创新性较高。科技感的书籍装帧设计应用领域较为广泛,如建筑类、电子类、数码类、通过对色彩巧妙的编排与搭配,将书籍思想中心展现得淋漓尽致,进而增加装帧视觉效果与吸引力,提高书籍的视觉效果。

　　科技感的书籍装帧多以蓝色、青色、绿色、黑、白、灰等颜色为主色调。蓝色为典型的商用色彩,是科技感的代表色,具有严谨、科学、理性、真实的视觉特征;绿色则象征着安全、清新、冷静;青色是介于蓝色与绿色中间的一种色彩,因此既有着蓝色的科技与谨慎,又有着绿色的清新与冷静,同时也具有自身的活泼与优雅;黑白灰是天生的调和色,具有均衡画面的作用,且具有较强的严谨感。

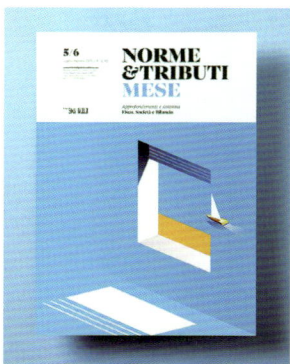

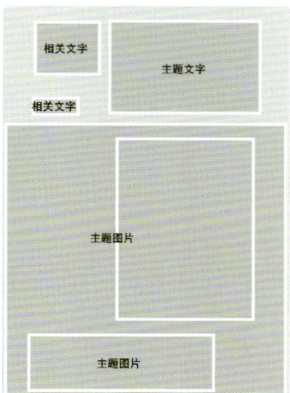

设计理念：该作品为书籍 *Norme & Tributi Mese* 的封面设计作品，作品在设计中按照黄金分割比例，形成了和谐平稳的视觉美感。

色彩点评：作品以蓝色为主色调，白色为辅助色，黄色为点缀色，采用了对比色的装饰手法，强化了书籍整体的视觉效果，提升了其活跃度。

🔴 封面中视觉元素棱角分明，给人以强烈的理性感与严谨的视觉感受。

🟢 斜向的视觉流程使二维平面图产生了三维立体的视觉效果，创意新颖独特，具有一定的前卫性。

🟡 文字与图片分配合理有序，上文下图，条理清晰，具有一目了然的视觉特征。

- RGB=255,255,255 CMYK=0,0,0,0
- RGB=242,170,23 CMYK=8,42,90,0
- RGB=67,178,233 CMYK=67,17,4,0
- RGB=0,0,0 CMYK=93,88,89,80

该作品以蓝色为主色调，白色为文字颜色，且文字的编排位于封面正中央，没有多余的视觉元素，极简的设计风格清晰醒目，具有较强的可视性。

- RGB=219,212,194 CMYK2=17,16,25,0
- RGB=133,57,43 CMYK=49,86,89,21
- RGB=255,255,255 CMYK=0,0,0,0
- RGB=93,0,9 CMYK=55,100,100,47
- RGB=0,124,188 CMYK=83,46,11,0

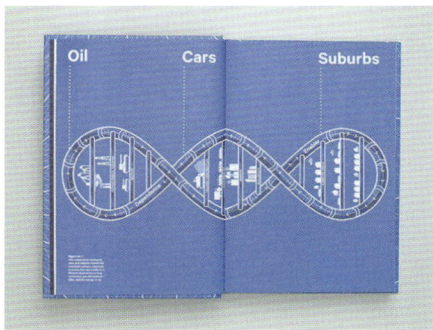

该作品巧妙地运用了对称型构图，其图形元素的编排贯穿左右两页，使对页之间形成了形式与内容相统一的视觉美感。

- RGB=129,146,202 CMYK=56,41,4,0
- RGB=255,255,255 CMYK=0,0,0,0
- RGB=90,133,238 CMYK=70,47,0,0
- RGB=56,101,202 CMYK=82,61,0,0
- RGB=61,71,130 CMYK=80,87,29,0

6.4.2　科技感书籍装帧的设计技巧——多种色彩的搭配与应用

科技感不仅仅是通过色彩的单一性来体现的，多种色彩的巧妙搭配也会形成既活跃又不失科技感的视觉效果，其色彩的搭配是服务于书籍主题内容的，且不同的色彩搭配可以产生不同的视觉印象，明快的色彩具有轻快、活跃的特点，低沉的色彩具有沉稳、肃然的特征。

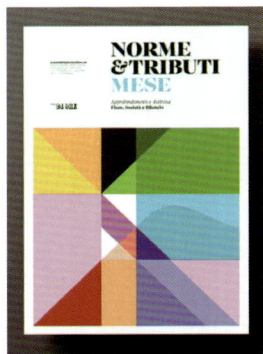

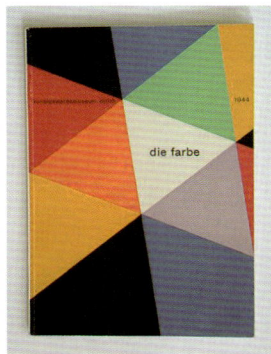

封面中虽然颜色种类繁多，但存在一定的规律，封面中几乎每个矩形色块都是由两个或多个三角形组成的，且色彩为同类色，因此形成了较强的空间感与层次感。

封面中充分运用"线"的分割特性将封面分为多个色块，且规整统一，色彩明度、纯度相对一致，不仅避免了色彩过多的杂乱印象，同时也增强了书籍的视觉冲击力。

配色方案

双色配色　　　　　三色配色　　　　　四色配色

科技感书籍装帧设计赏析

6.5 时尚

　　现如今时尚已经成为潮流的代言词，即在时下具有较为高尚、领先的高品位与审美水平，也可成为当时的风尚。在书籍装帧设计中，时尚涉及的领域较为广泛，如珠宝类、箱包类、首饰类、化妆品类、服装类、美容类、家居类、软装类或人物形象及生活方式等各大商业领域。时尚风格没有固定的颜色搭配，且色彩永远服务于书籍的主题内容与中心思想，并决定着人们的第一视觉印象。

　　时尚风格在书籍装帧设计中较为常用的色彩有黑色、白色、灰色、金色、银色、紫色、红色等。黑色是最深邃的色彩，白色是最缥渺的色彩，灰色则是介于两者中间，黑、白、灰是时尚领域中最为常用的色彩，且通常以并存的形式存在，黑白灰的巧妙搭配可以营造较为强烈的空间感与层次感。金色、银色是首饰的色彩，天生具有奢华、高端的时尚气息，想要营造奢华的时尚感，这两种色彩是最合适不过的。紫色与红色被大多数认为是女性的色彩，其色彩情感神秘、典雅，可以使书籍产生一种较为强烈的知性美感。

6.5.1　时尚感的书籍装帧设计

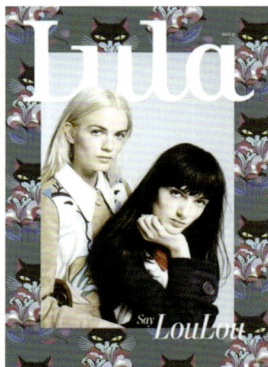

设计理念：杂志封面以印花图片为背景，并运用照片的矩形分割特性使封面形成了"回"字型构图，创意新颖，进而产生较为强烈的层次感。给人以虚无缥缈的视觉感受。

色彩点评：深色背景与浅色图片的搭配，在无形之中形成了较为强烈的空间感，进而增强了画面的深邃感与神秘感。

❶白色的字体上下呼应，主次分明，且具有清晰、醒目的视觉特点。

❷印花背景图片虽给人的感觉是位于最底层，但其为最有细节的视觉元素，抓住了人们的视觉心理，增强了人们的阅读兴趣，使人过目不忘。

- RGB=255,255,255 CMYK=0,0,0,0
- RGB=222,225,32 CMYK=16,11,6,0
- RGB=67,95,109 CMYK=80,62,51,7
- RGB=0,0,0 CMYK=93,88,89,80

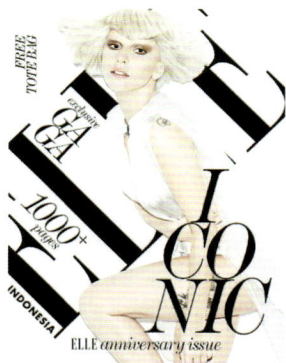

该作品在书籍装帧设计中，以鲜艳的紫色为主色调，视觉元素采用了破型的构图方式，给人以神秘感十足且极具魅惑的视觉感受。

- RGB=239,225,238 CMYK=7,15,1,0
- RGB=158,8,201 CMYK=62,86,0,0
- RGB=69,33,95 CMYK=87,100,45,9
- RGB=255,255,255 CMYK=0,0,0,0
- RGB=0,0,0 CMYK=93,88,89,80

该杂志封面在装帧设计中采用了倾斜型构图，其主体文字的倾斜与人物形象相辅相成，动静结合，增强了封面的活跃度与视觉感染力。

- RGB=238,232,220 CMYK=9,9,15,0
- RGB=232,199,182 CMYK=11,27,27,0
- RGB=240,238,241 CMYK=7,7,4,0
- RGB=255,255,255 CMYK=0,0,0,0
- RGB=27,33,49 CMYK=91,87,66,51

　　"留白"效果在书籍装帧设计中，是一种构成法则，也是设计领域中的一种视觉语言。"留白"的设计手法具有较强的功能性与视觉美感，"白"即是"虚"，虚实结合，才能给人以更多的想象与思考的空间，进而达到更好的视觉效果。

　　该作品中以白色为背景色，以倾斜视角的家装图片为主体图片，并运用了棱角分明的几何图形进行设计与编排，进而形成了较为强烈的层次感。

以白色为背景色，灰色为辅助色，洋红为点缀色，其简洁的用色与排版，给人以无尽的遐想空间，洋红色的融入不仅装点了画面，更起到了画龙点睛的作用。

配色方案

双色配色	三色配色	四色配色

时尚感书籍装帧设计赏析

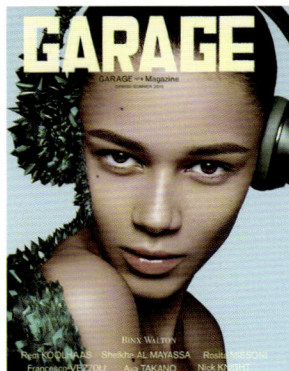

6.6 热情

　　热情即热烈的情感，指某个人参与某项活动或对待某种事物所表现出来的一种情感，也是一种态度与兴趣的表现，并且是激昂的、热烈的、积极的、主动的、友好的。热情是一种性格特征也是一种情感诉求，热情与激情相近，但比激情更为稳定。每当提到热情一词，我们首先想到的颜色就是红色，其次是橙色、黄色。红色象征着沸腾的鲜血与熊熊的火焰，是最能体现热情的颜色；橙色相对较为温暖、活泼，是极具亲和力的颜色；而黄色色彩明亮，像太阳的光芒，充满热情感的同时也不失活力。

　　热情感的书籍装帧设计通常色调统一、版面饱满，并以暖色调为主，根据书籍主题内容与中心思想，对其装帧进行设计创作，给人以较为亲切的视觉感受，且具有较强的情绪带动性。与此同时，不同明度、纯度的色彩可以展现出不同程度的热情感，且广泛应用于美食类、时装类、运动类等各个领域。

6.6.1 热情感的书籍装帧设计

设计理念： 该封面设计作品运用了重心式构图，将文字作为主体，不规则色块与线条的结合，呼应了书籍主题，使其形式与内容相对统一。

色彩点评： 以白色为背景色，橘红色为主体色，运用色相差异较大的色彩衬托主体文字，将作者与书籍名称以最直接、最醒目的方式展现在人们面前。

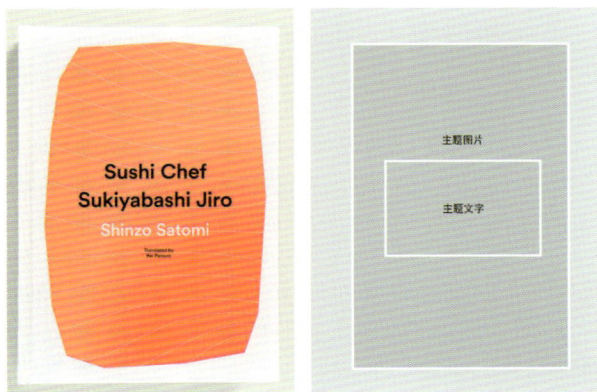

🌼 文字从大到小，以从上到下的顺序依次排列，黑白色的对比使其形成了较富有节奏的视觉感受。

🍃 不规则的橘红色块运用了渐变效果，使其更加韵味十足，并烘托了书籍的主题气氛。

- RGB=251,175,164 CMYK=1,43,29,0
- RGB=255,115,91 CMYK=0,69,58,0
- RGB=255,255,255 CMYK=0,0,0,0
- RGB=0,0,0 CMYK=93,88,89,80

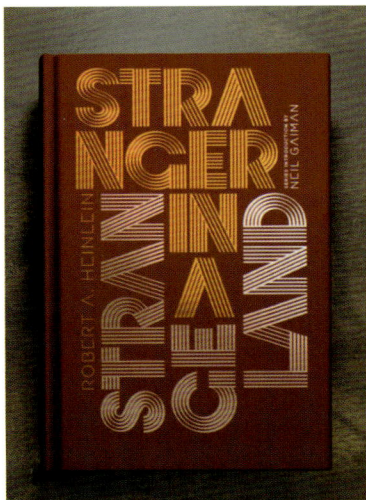

整体色调为暖色调，满版的文字编排更加烘托了书籍封面的热情氛围，并运用线重复与渐变，使其形成了较为强烈的活跃感与艺术感。

- RGB=132,0,13 CMYK=49,100,100,25
- RGB=203,89,26 CMYK=26,77,99,0
- RGB=250,159,0 CMYK=3,48,92,0
- RGB=239,217,196 CMYK=8,18,23,0
- RGB=241,146,152 CMYK=6,56,28,0

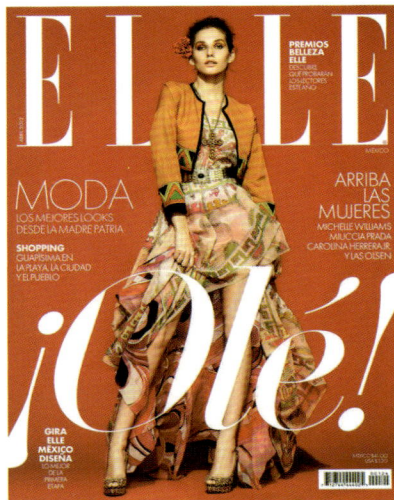

封面以红色为主色调，白色为辅助色，色调统一、和谐，黑、白两色的对比，增强了整体的视觉感受，字体种类繁多，不仅起到了文字说明的作用，同时也提升了封面整体的艺术形式感。

- RGB=211,24,41 CMYK=21,98,89,0
- RGB=121,8,14 CMYK=50,100,100,31
- RGB=238,109,24 CMYK=7,71,91,0
- RGB=255,255,255 CMYK=0,0,0,0
- RGB=0,0,0 CMYK=93,88,89,80

145

6.6.2 热情感书籍装帧的设计技巧——运用反复视觉流程增添书籍装帧节奏感

　　反复即在设计过程中，将某个重点元素进行复制、重复编排，使其在封面中形成较为强烈的节奏感与韵律感。反复就是为了强调，可以突出某种情感，强化主题。同时，具有强烈的目的性。

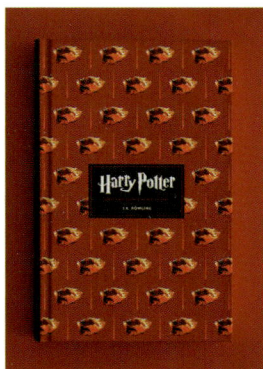

《哈利·波特》的书籍封面色彩统一，以封面线索元素进行反复编排，给人以饱满的视觉感受。

以文字为中心点，反复的视觉元素围绕其编排设计，进而强化了主题，色彩以点的形式存在，具有较为强烈的自由感与节奏感。

配色方案

双色配色　　　　　　三色配色　　　　　　四色配色

简约类版式设计赏析

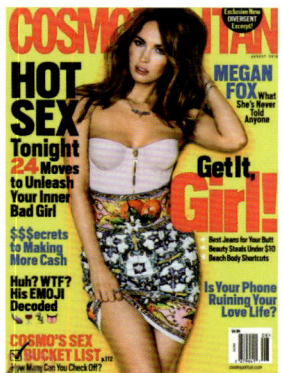

高端即在同等级的事或物中，其等级、档次、价位等水平相对较高，且高于其他事或物。可指产品、技术、书籍、会议、访问、品牌、学术等。高端也是高层次高品位的代言词，与华丽、奢华有相近含义，高端比华丽更为强烈，比奢华更为内敛，与此同时，高端风格的书籍装帧与时尚风格的书籍装帧也有相似之处，但时尚多指审美水平与品位，而高端是一种对生活价值观的态度，同时也是一种生活品位与生活格调的象征。

高端风格的书籍装帧设计作品通常具有较强科技感与时尚感，且线框感较为强烈，同时对装帧中的视觉元素进行混合处理，并运用"点、线、面"进行编排设计，给人以细节丰富、饱满的视觉感受，通过色彩的巧妙搭配与技巧运用，形成高端、大方的视觉美感，给人留下深刻的视觉印象，进而吸引观者阅读兴趣，增强书籍视觉效果，达到书籍的最终诉求，实现其创作价值与意义。

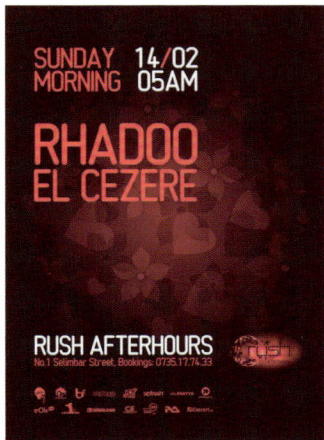

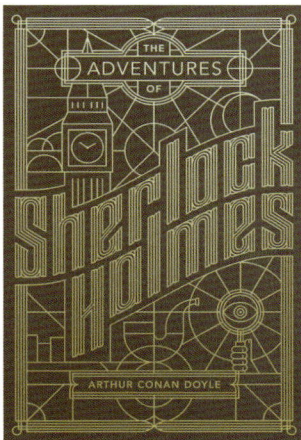

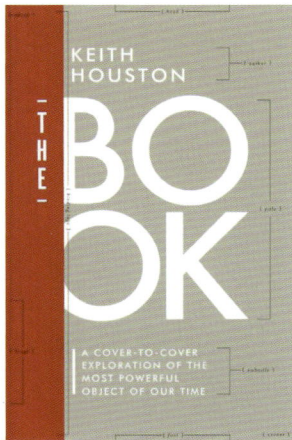

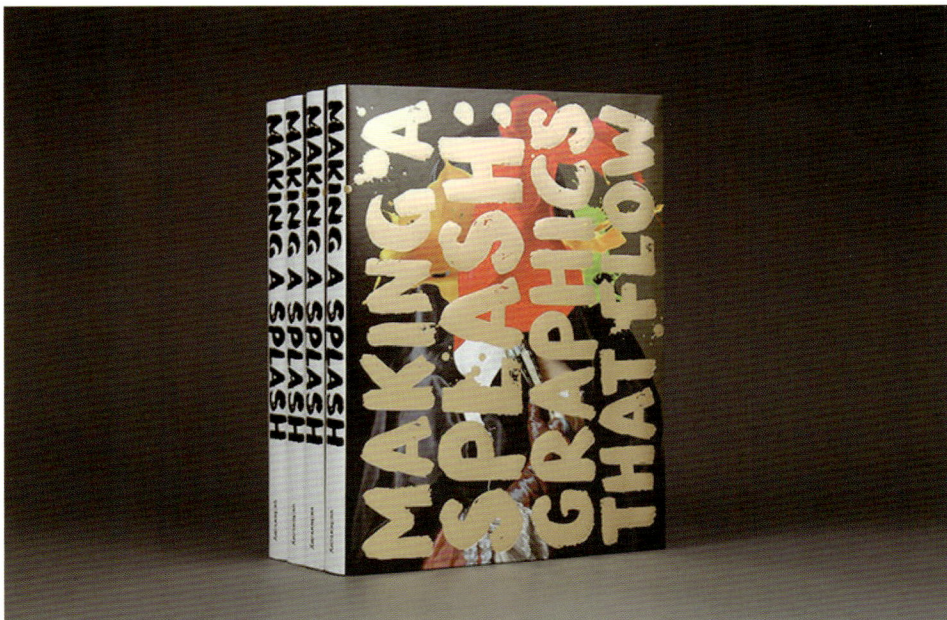

6.7.1 高端型的书籍装帧设计

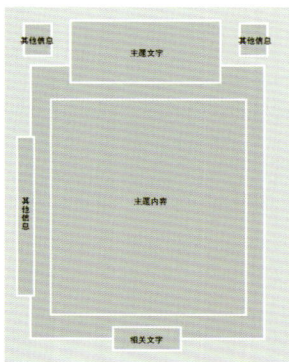

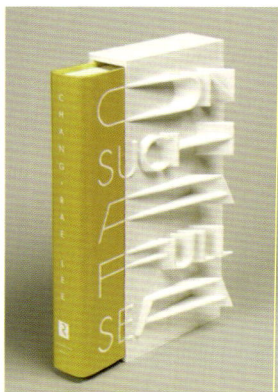

设计理念： 这是关于音乐的书籍装帧设计作品，3D立体效果的视觉元素具有较强的艺术感与创新感，给人眼前一亮的视觉感受。

色彩点评： 作品以白色为背景色，偏绿的灰色具有衬托主体的作用，黑、白、灰的色彩搭配形成了高端、简洁、大方的视觉美感。

🎨 以乐器组成英文字母，使书籍内容的主题思想展现得更加形象、具体。

🎨 封面中相关信息编排自由，随心但不随意，具有较强的活跃度，形成了既厚重又活泼的视觉感受。

- RGB=255,255,255 CMYK=0,0,0,0
- RGB=178,181,173 CMYK=36,26,31,0
- RGB=62,66,76 CMYK=86,73,61,27
- RGB=0,0,0 CMYK=93,88,89,80

书籍的白色书函运用立体的设计效果，且以塑料为书函材质，与黄的书籍封面主体文字相连接，形成了创意感十足的视觉美感。

- RGB=186,136,25 CMYK=35,51,99,0
- RGB=200,165,9 CMYK=29,37,98,0
- RGB=235,230,100 CMYK=15,7,69,0
- RGB=255,255,255 CMYK=0,0,0,0
- RGB=225,212,196 CMYK=15,18,23,0

该书籍以褐色为主体色，并运用凹凸印的设计手法，使封面形成三维凸起的浮雕效果，进而增强了书籍的设计视觉感染力。

- RGB=251,237,200 CMYK=4,9,26,0
- RGB=212,157,92 CMYK=22,44,67,0
- RGB=171,139,118 CMYK=40,48,52,0
- RGB=128,92,70 CMYK=55,66,74,13
- RGB=0,0,0 CMYK=93,88,89,80

文字的大小、粗细，以及字体的不同可以给人不同的视觉感受，且字母或单个文字均具有饱满、舒展的特点。以文字填充整个版面，且规整的编排可以增强整体的视觉感染力，并使书籍装帧作品具有较强的节奏感。

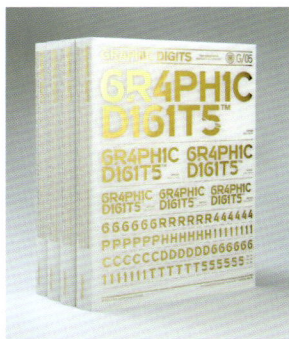

该书籍在装帧设计中以白色为背景色，金色为文字主体色，简洁而饱满的编排设计，给人以高端而又大方的视觉感受。

书籍的书函以黑色为主色调，在版式设计中运用了满版型构图，以文字充满整个版面，其文字大小、粗细及字体相同，使其形成了饱满的视觉感受。

配色方案

双色配色	三色配色	四色配色

高端型书籍装帧设计赏析

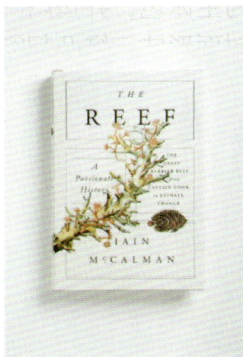 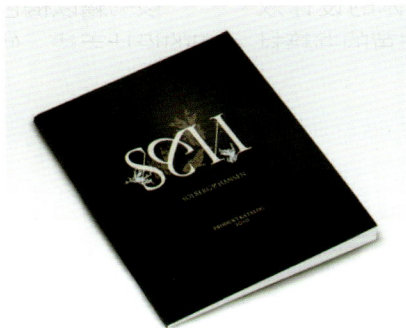 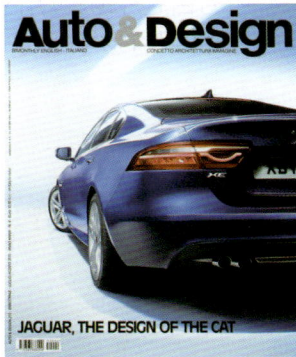

6.8 朴实

　　朴实即淳朴、诚实，不华丽也不张扬，且注重内在，不带有装饰的外表。可指人的本性纯朴、待人诚实，衣着与妆容朴素，或性格内敛，单纯闪亮；也可指生活质朴，不张扬、不浪费，既是一种朴素生活的态度，也是一种节俭的习性。而在书籍装帧设计中，朴实风格多以素色为主，用色不夸张，整体简洁、温婉，给人以醒目、柔和的视觉感受。

　　在书籍装帧设计作品中，可运用朴实风格的视觉特点，衬托书籍中心思想内容，或运用对比的手法，凸显书籍的华丽感与高端感。朴实风格的书籍装帧设计作品的用色通常较为和谐、统一，不具有较强的视觉冲击力，但在色彩方面通常以不张扬的色彩基调以少胜多，以其真实感与简洁感脱颖而出，并抓住人的视觉心理，给人足够的想象空间，进而形成舒缓、淡雅的视觉美感。

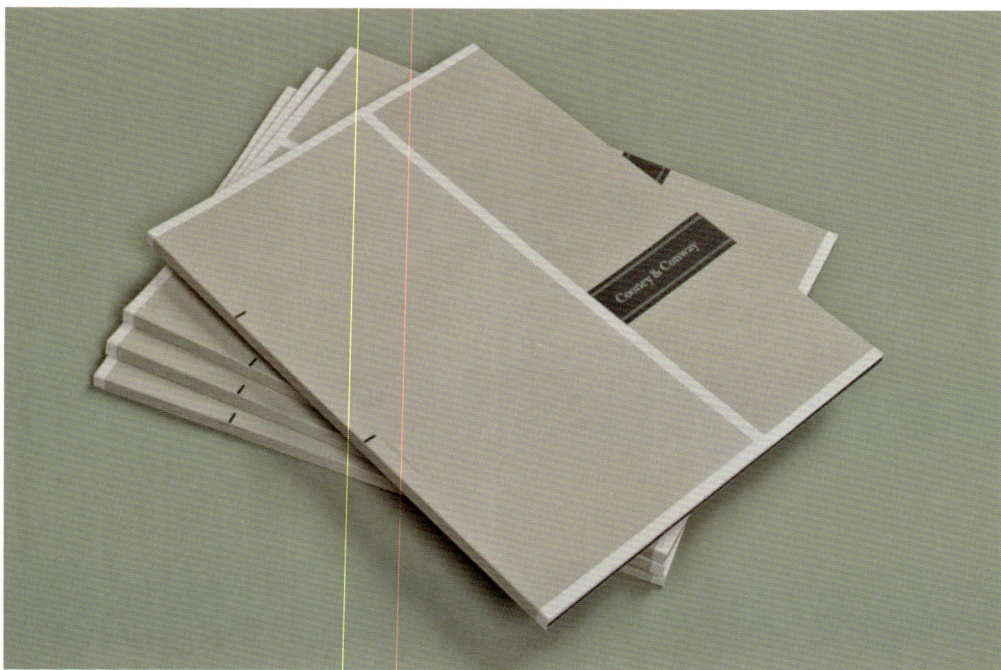

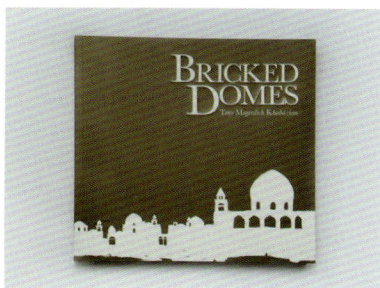

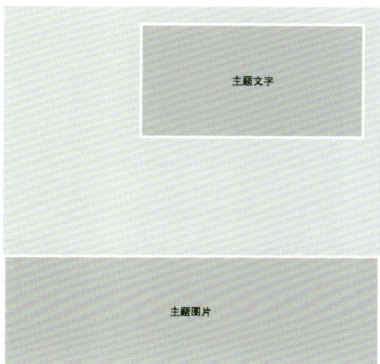

设计理念：该作品为建筑类书籍的封面设计作品。在设计中，主题图片以剪影的形式存在，与简洁的背景色相辅相成，给人以清醒、明了的视觉感受。

色彩点评：以带有复古气息的褐色为主色调，以浅灰色为主体色，清晰明了，没有过于夸张的色彩搭配，使书籍整体具有简洁、醒目的视觉特征。

🎨 文字的字母大、小形成鲜明对比，进而形成错落有序、主次分明的视觉特征。

🎨 建筑剪影中，"窗户"色块的秩序分布，使其形成了较为强烈的节奏感与韵律感。

- RGB=207,208,203 CMYK=22,16,19,0
- RGB=176,167,149 CMYK=37,33,41,0
- RGB=94,79,56 CMYK=65,65,81,26
- RGB=53,37,15 CMYK=71,77,100,59

该作品整体色调偏灰且和谐统一，主题文字位于两大色块的交界处，使其增强了整体的视觉冲击力，趣味的元素结合更加吸引了观者的阅读兴趣，进而增强了书籍的视觉效果。

- RGB=232,226,228 CMYK=11,12,8,0
- RGB=203,191,195 CMYK=24,26,19,0
- RGB=140,100,92 CMYK=53,66,61,5
- RGB=255,255,255 CMYK=0,0,0,0
- RGB=0,0,0 CMYK=93,88,89,80

书籍《文字的技巧》的封面是以牛皮纸质的材质为封面，因此色彩朴素但不失氛围，紫色色条上下对称，文字位于中间，具有均衡、稳定视觉特征。

- RGB=210,195,176 CMYK=22,24,31,0
- RGB=191,164,140 CMYK=31,38,44,0
- RGB=78,50,73 CMYK=74,86,57,28
- RGB=47,21,45 CMYK=81,96,64,52
- RGB=0,0,0 CMYK=93,88,89,80

6.8.2 朴实型书籍装帧的设计技巧——为书籍装帧增添一抹色彩

　　色调过于统一就会产生无色彩倾向的视觉错觉，如果色彩只有黑、白、灰，就会使画面形成坚硬的视觉效果，且容易造成画面呆板、无聊、乏味，如果在设计中，为书籍装帧加入一抹不一样的色彩，不仅会增强画面的活跃度，还会增强书籍整体的视觉吸引力，吸引读者的阅读兴趣。

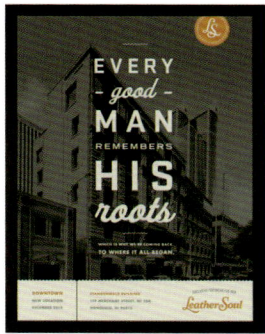

　　书籍封面的主色调为灰色，紫、青、橙的融入使书籍整体更为活灵活现，封面中紫色圆点与夹衬部分的色彩相呼应，进而形成了和谐、统一的视觉美感。

　　该作品运用了满版型构图，以单色的街景图片填充整个版面，明度较高的米色为主体色，橙色为点缀色，巧妙运用明度对比使画面整体形成了较强的层次感。

配色方案

三色配色　　　　　四色配色　　　　　五色配色

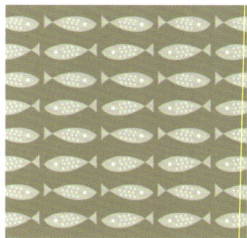
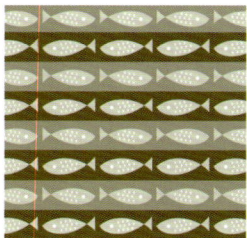
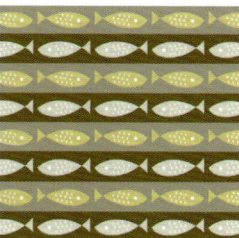

朴实型书籍装帧设计赏析

　　浪漫是一种心情，也是一种情感，是被自己所爱的人或物所感动，并且能够留下美好回忆与印象的行为或语言。浪漫是纵情，是情侣间的不拘小节所产生的美妙与感动；是身心之间、情景之间的相互交融所形成的美好意境，浪漫是富有诗情画意的，更是梦幻、神秘的。浪漫不仅仅是人们所追求的，更是设计师们在设计作品中想要表现的视觉情感，浪漫感的书籍装帧设计通常较为深情、神秘，通过对色彩的精准搭配与运用，可以使装帧设计产生较为美好、向往的视觉感受，给人以更多的遐想空间并留下深刻的视觉印象。

　　浪漫感的书籍适于女性的偏多，追求浪漫的人也是女性居多，因此能够体现浪漫感的色彩通常为女性的代表色，如紫色、洋红、粉色、红色等。紫色是浪漫的代表色，与生俱来充满着魅力与魔幻的吸引力，且具有神秘、梦幻的浪漫气息。坚硬的紫色具有稳重、神秘、高贵的特点，柔和的紫色通常较为柔软，其画面既优雅又不失浪漫，美好而又令人向往。

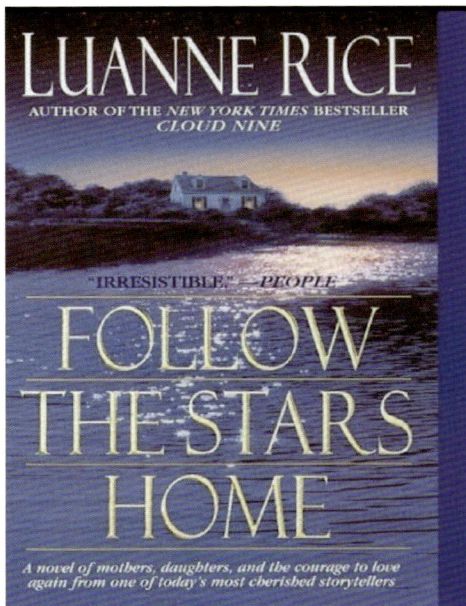

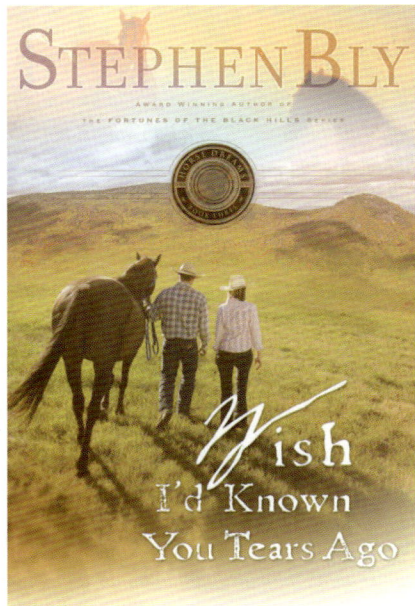

6.9.1 浪漫感的书籍装帧设计

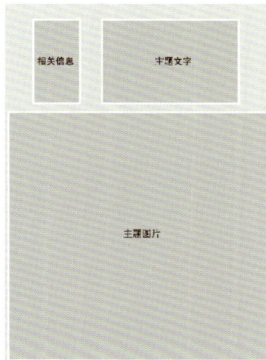

设计理念： 这是书籍 *Norme & Tributi Mese* 的封面设计作品。作品采用了分割型构图，灵活运用了点线面的视觉特征，使封面产生既简洁又富有细节的特点。

色彩点评： 该作品以粉色为主体色，青色为点缀色，对比色的应用巧妙之极，不仅增强了整体的视觉冲击力，还烘托了封面的艺术氛围。

🎨① 色块的分割与同类色的运用，使封面空间感十足，且层次分明，同时又具有较强的细节感。

🎨② 色块的分割采用了黄金比例分割法，因此使画面形成了和谐、舒适的美感。

- RGB=240,233,229 CMYK=7,10,10,0
- RGB=231,136,170 CMYK=11,59,14,0
- RGB=33,104,12 CMYK=86,55,54,5
- RGB=0,0,0 CMYK=93,88,89,80

该作品为时尚杂志 ELLE 的封面设计作品。封面以紫色为主体色，且色调统一，人物形象与字体风格相辅相成，给人以完整、统一的视觉感受。

- RGB=162,101,134 CMYK=45,69,32,0
- RGB=169,58,135 CMYK=44,88,18,0
- RGB=206,190,175C MYK=23,26,30,0
- RGB=255,255,255 CMYK=0,0,0,0
- RGB=0,0,0 CMYK=93,88,89,80

低纯度、高明度的紫色柔和、舒心，杂志内页中的曲线元素蜿蜒、淡雅，整体情感、风格相辅相成，具有梦幻、雅致、浪漫的视觉特点。

- RGB=225,216,235 CMYK=14,17,1,0
- RGB=208,193,222 CMYK=22,27,2,0
- RGB=142,118,166 CMYK=53,58,16,0
- RGB=255,255,255 CMYK=0,0,0,0
- RGB=100,55,136 CMYK=75,90,17,0

6.9.2　浪漫感书籍装帧的设计技巧——运用拼接色块增强封面层次感

色块拼接是当代较为流行的设计元素，在设计中，充分运用"面"的分割特性，将色块相互交叉、重叠、拼接，不仅创意新颖，还可以增强整体的层次感，具有较强的时尚感与设计感。

色块的拼接使封面形成了分割型构图，分割线均位于黄金点处，形成了和谐、舒适的视觉美感。

整体色调统一，同类色的运用更加让元素之间主次分明。同时，简约而不简单的创意也有着较强的视觉吸引力。

配色方案

双色配色　　　　　三色配色　　　　　四色配色

浪漫感书籍装帧设计赏析

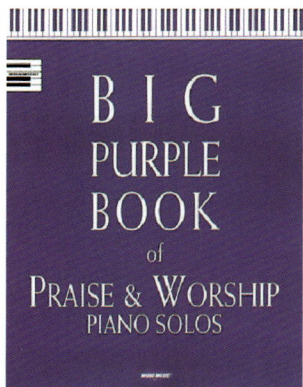
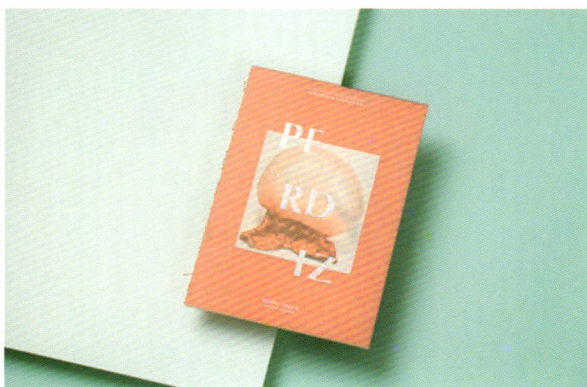

6.10 趣味

　　趣味即有趣的感觉，意为可以使人感到愉悦，并能引起人的兴趣爱好的特性。趣味可指人的性格风趣、幽默；也可指人的生活态度状态较好，且对待事情积极乐观，富有情趣，品味高尚；还可指事物有趣，使人愉悦。而对比书籍装帧来说，有趣的设计不仅仅是风趣幽默的愉悦感，更重要的是设计作品的创意点是否能够抓住人的视觉心理，是否能够吸引读者阅读兴趣。

　　一个好的书籍装帧设计作品通常在创意感十足的前提下，配色大胆新奇，具有清新脱俗的视觉特征，大胆的色彩搭配才能够吸引人们的阅读兴趣，进而实现设计的艺术价值。趣味型的书籍装帧设计作品不仅可以活跃气氛，还可以缓解人的心情。能够强化趣味感的色彩搭配有对比色、互补色等，通过色相的强烈反差与对比来增强书籍装帧设计作品的视觉冲击力，给人眼前一亮的视觉感受。

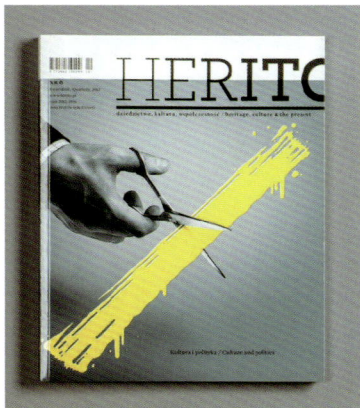

6.10.1　趣味型的书籍装帧设计

设计理念：该作品在设计中运用了夸张的表现手法，运用绳子将夸大的手与人物形象相连接且进行操控，风趣幽默的表情更加烘托了整体的搞笑氛围，进而增强了整体的趣味性。

色彩点评：该作品用色自然柔和，以自然场景为背景，并运用黄、蓝形成对比，进而活跃了整个画面，避免了明度、纯度过于统一的乏味与单一。

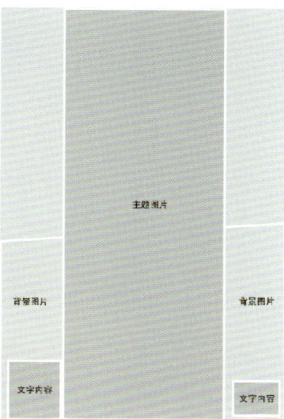

🌈 人物形象与地平线均运用了斜向的视觉流程，进而增强了画面整体的动感与活跃度。

🌈 画面整体的视觉元素在无形之中形成了稳定的三角形，进而形成了平衡、稳重的视觉感受。

RGB=255,255,255 CMYK=0,0,0,0

RGB=208,229,246 CMYK=22,6,2,0

RGB=192,171,92 CMYK=32,33,71,0

RGB=55,53,92 CMYK=88,88,48,15

作品中以层次分明的蓝色为背景色，将红色铅笔捆绑呈"炸药"状，色彩对比强烈，具有强烈的视觉冲击力，且创意感十足。

RGB=84,176,253 CMYK=62,22,0,0

RGB=27,41,166 CMYK=98,90,0,0

RGB=254,98,75 CMYK=0,75,65,0

RGB=255,255,255 CMYK=0,0,0,0

RGB=0,0,0 CMYK=93,88,89,80

作品中真实景象与手绘元素相结合，进而产生了虚实结合的错位感，近大远小的比例关系更加增强了画面整体的空间感与层次感。

RGB=44,51,44 CMYK=81,71,78,49

RGB=194,56,89 CMYK=31,90,53,0

RGB=206,117,37 CMYK=24,64,92,0

RGB=255,255,255 CMYK=0,0,0,0

RGB=0,0,0 CMYK=93,88,89,80

6.10.2 趣味型书籍装帧的设计技巧——运用抽象元素提升整体艺术气息

抽象即运用概念或形象在大脑中进行分析,将其本质与质进行分离所得到的产物。也指人对某物或某事的概念化。在书籍装帧设计中,抽象可指视觉元素也可指设计的创意点富有情感但不具象,且具有浓厚的艺术气息。

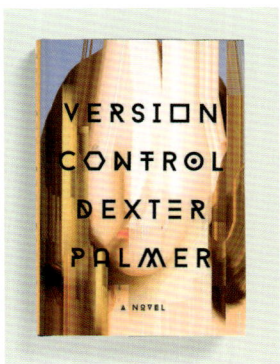

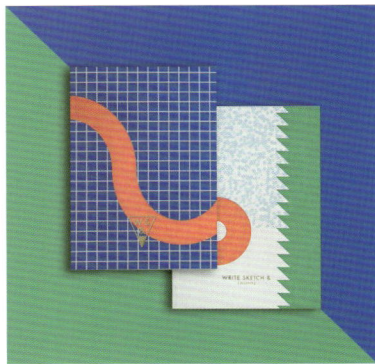

作品采用了满版型构图,并运用马赛克拼合成了人物的模糊影像,给人以无尽的想象空间,且具有较强的视觉感染力。

作品中两本书的图案相互贯穿,其视觉元素创意新颖,对比色与互补色的运用使其更为完整统一,且趣味性十足。

配色方案

双色配色   三色配色   四色配色

趣味型书籍装帧设计赏析

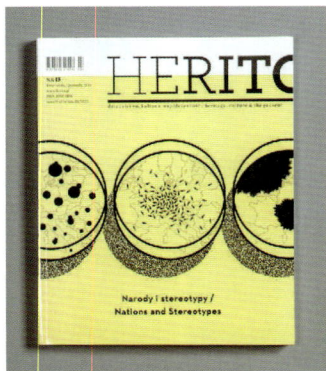
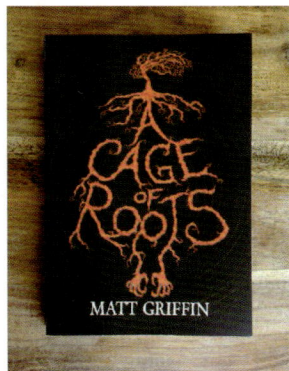

6.11 童趣

　　童趣的所指对象为儿童，而童趣即儿童的情感及兴趣。儿童其实是最天真、最淳朴的，只有最阳光、最美好的书籍才能给予孩子更好的教育，一本充满童趣的儿童读物也许会影响着他们的人生观和价值观。充满童趣的书籍装帧设计作品往往以漫画、卡通人物形象或将动物拟人化作为主要视觉元素，且内页设计也以图为主，文字为辅，整体色彩搭配和谐，且纯净活泼。

　　儿童天生充满童趣，如果被描述的事物是熟悉的具有美好含义的，就会深受儿童喜爱，因此，在设计创作时，只有牢牢抓住儿童的视觉心理，根据其喜好与兴趣爱好进行配色与设计，才能使书籍具有天真烂漫、纯洁无邪、无忧无虑的视觉特点。具有童趣的书籍范围较为清晰，皆为与儿童相关的绘本、童话故事、科普书、性格养成类等书籍。

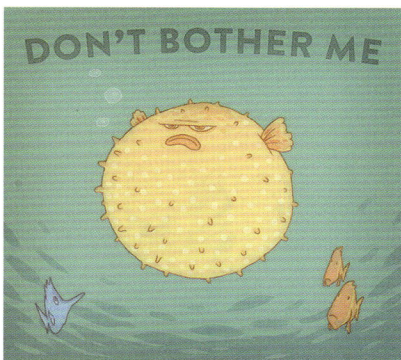

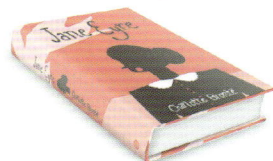

6.11.1 童趣型的书籍装帧设计

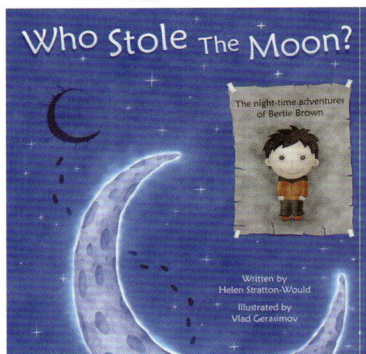

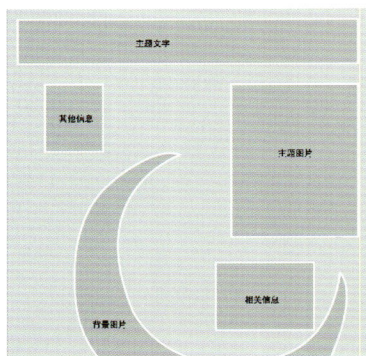

设计理念：该封面以文本内容"月亮"为主体，卡通人物位于封面右侧黄金分割点处，文字信息的大小形成鲜明对比，给人以醒目的视觉感受。

色彩点评：书籍封面以纯度较高的蓝色为主题色，文字为白色，且主体元素的色彩通透、柔和，形成了纯净、天真的视觉美感。

➊书籍名称的字体活泼可爱，与儿童性格相辅相成，进而强化了整体的童趣性。

➋背景中，黑色的脚印与月亮剪影虽不明显，但其存在不容观者忽视，且具有深层的视觉意义。

➌月亮与脚印重复的视觉流程使画面整体的节奏感大大提升。

RGB=255,255,255 CMYK=0,0,0,0

RGB=254,234,5 CMYK=7,7,86,0

RGB=13,76,194 CMYK=91,72,0,0

RGB=40,40,40 CMYK=81,77,75,54

该作品用色简洁，并巧妙运用对比色与互补色增强了书籍的视觉冲击力，干净的配色使书籍产生了纯净、醒目的视觉美感。

RGB=243,203,43 CMYK=10,24,85,0

RGB=236,90,67 CMYK=8,78,71,0

RGB=82,123,152 CMYK=74,48,32,0

RGB=4,31,52 CMYK=100,90,64,48

RGB=0,0,0 CMYK=93,88,89,80

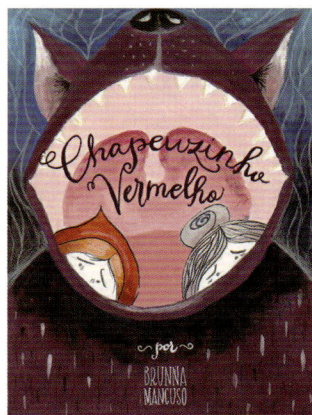

该作品运用了夸张的表现手法，将主题文字的人物形象编排于张大的"嘴"里，烘托了整体的神秘氛围。

RGB=255,246,241 CMYK=0,6,6,0

RGB=245,189,200 CMYK=4,36,12,0

RGB=219,106,124 CMYK=17,71,37,0

RGB=99,46,72 CMYK=65,90,58,25

RGB=48,74,123 CMYK=90,78,36,1

三角形的外观像是一座山，稳定、持久。三角形构图可分为正三角和倒三角两种，正三角形构图具有稳定、安定、平衡的视觉特征，而倒三角相对充满动感，给人以活跃度十足的视觉感受。

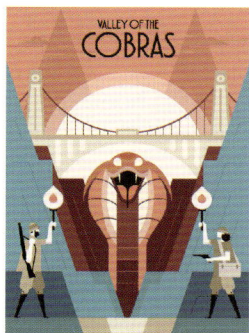

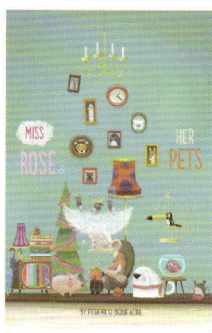

该封面主题文字与人物形象形成了正三角，红色部分为倒三角形，使其整体产生了既稳定又充满动感的视觉感受。

作品中以魔法帽为重心点，其他视觉元素均围绕它进行编排设计，形成了神秘、稳定且充满幻想的视觉特征。

该儿童读物的封面中的视觉元素看似编排自由散漫，但在无形之中形成了较为稳定的三角形构图，增强了整体的沉稳度与均衡感。

配色方案

双色配色	三色配色	四色配色

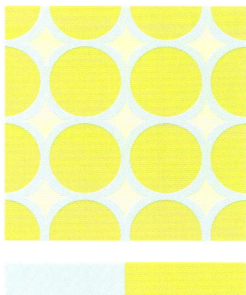

童趣型书籍装帧设计赏析

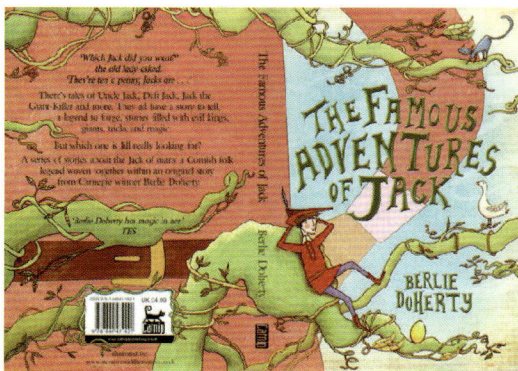

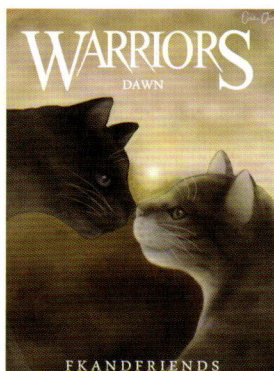

第6章 书籍装帧色彩的视觉印象

6.12 复古

　　复古即对历史文化的深层追求，象征着时代与民族的习俗与艺术，也是对过去的流行元素或现象的一种致敬。复古与怀旧较为相似，但怀旧是一种心情，而复古是一种视觉元素，更是一种风格与态度。复古不代表古板、过气，而是引导旧时代潮流的一种元素。在书籍装帧设计中，复古风格的设计作品追求的是一种皇家贵族气息，气势宏大且华丽堂皇，通常较为注重形式美感与用色搭配，其色调多以暖色为主，复古风格的代表色有很多，如驼色、米色、咖啡色、巧克力色、棕色、红色、卡其色等。

　　在一般情况下，复古可指兴起时代的某种旧元素，也可指把某种元素或现象还原成旧的事物，以表示对其的敬意，还可指将已经破碎的事物还原成原本的面貌。与此同时，复古可分为三种：极富装饰性的巴洛克风格、以贝壳和巴洛克风格趣味结合的洛可可风格，以及既典雅、端庄又简朴、理性，且富有活力的新浪漫主义风格。

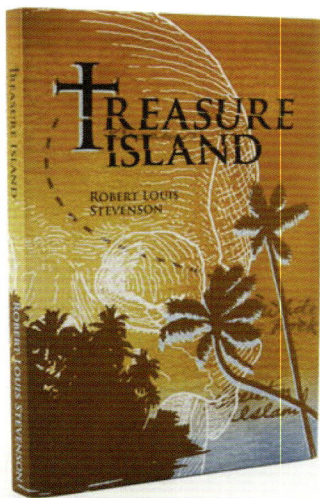

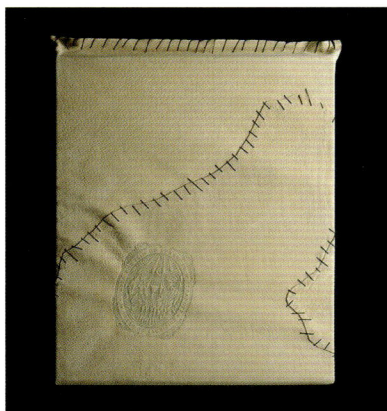

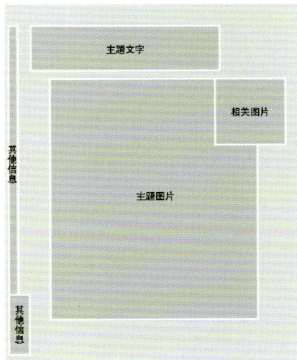

设计理念： 该作品为德国杂志NOVUM的封面设计作品。作品以牛皮纸作为封面印刷材料，其色彩不仅烘托了书籍的复古气息，同时也增强了书籍的耐磨性与艺术性。

色彩点评： 以牛皮纸的驼色为主色调，红与蓝的色彩对比增强了整体的视觉张力，且叠压在单色的视觉元素之上，进而形成了较为强烈的层次感。

封面中的彩色元素虽然不够具象，但能够给人以清晰醒目的视觉感受。

书槽处的文字信息编排得恰到好处，在信息说明的同时，也强化了书籍的细节感。

RGB=193,204,204 CMYK=29,16,19,0
RGB=176,151,120 CMYK=38,42,54,0
RGB=210,69,97 CMYK=22,85,49,0
RGB=65,70,69 CMYK=77,68,67,30

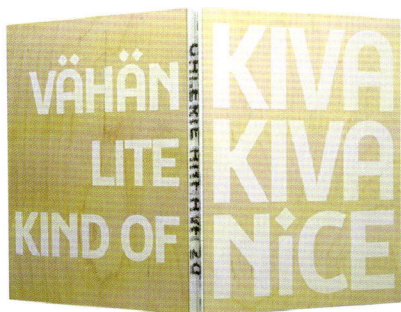

该作品用色简洁而明了，且在封面设计中运用了木材的独特纹路与肌理烘托了整体的古朴气息与文化韵味。

RGB=245,237,234 CMYK=5,9,8,0
RGB=228,201,158 CMYK=14,24,41,0
RGB=189,150,95 CMYK=33,44,67,0
RGB=178,133,76 CMYK=38,52,76,0
RGB=0,0,0 CMYK=93,88,89,80

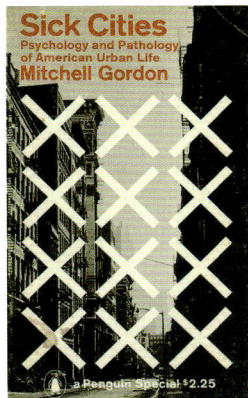

单色暖调的背景图片强调了整体的色彩情感基调，且封面中的视觉元素运用了反复的视觉流程，进而形成了强烈的节奏感与韵律感。

RGB=255,255,227 CMYK=2,0,16,0
RGB=205,197,176 CMYK=24,22,32,0
RGB=133,127,115 CMYK=56,50,54
RGB=195,24,7 CMYK=30,99,100,1
RGB=0,0,0 CMYK=93,88,89,80

6.12.2 复古风格书籍装帧的设计技巧——运用凹凸印营造浮雕效果

在书籍装帧设计中，凹凸印即在书籍的封面或护封上将某设计元素制作成凹凸两块印版，进而使作品呈现出浮雕状图像的加工。凹凸印的设计效果一般在较硬的材质上进行创作设计，以保证其效果美感与耐磨性。

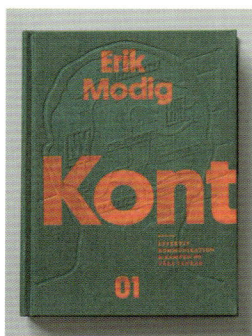

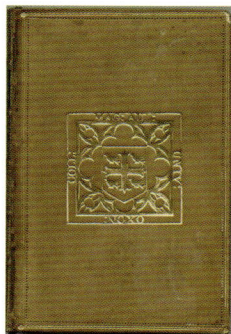

封面中以互补色为主要色彩，使书籍整体既醒目又富有美感，凹凸印的印刷方式使二维的平面空间产生了三维的立体浮雕效果，具有独特的视觉美感。

该书籍在封面设计中，以褐色为主色调，且整体色调统一、和谐，并运用了重心型构图，以凹凸印印刷的浮雕效果为重心点，给人以简洁、醒目的视觉感受。

配色方案

双色配色

三色配色

四色配色

复古风格书籍装帧设计赏析

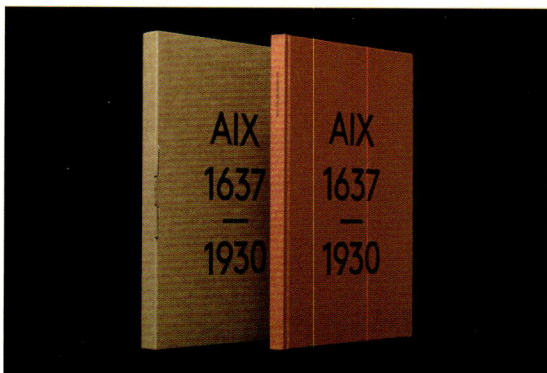

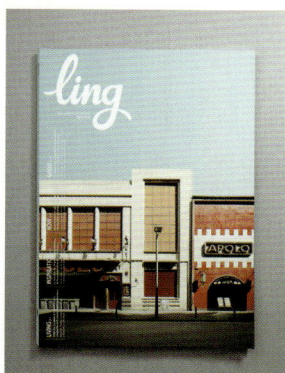

美味

众所周知，美味即指色、香、味俱全的食物给人口腔的一种味蕾感受，也指某种食物看起来诱人可口，能让人产生强烈的食用欲望。现如今美食类的书籍、报纸、杂志花样繁多、琳琅满目、应有尽有，要想在众多的美食类书装帧作品中脱颖而出，首先就要注重装帧整体的美味感。美味是美食的主心骨，也是美食类书籍的灵魂所在，只有色、香、味俱全的装帧设计，才能引起观者的阅读兴趣，进而增强视觉效果。

能够体现美味感的色彩多以暖色调为主，暖色是食物熟了的颜色，因此暖色调能够给人以香气扑鼻的视觉错觉。与此同时，美味感的书籍装帧设计较为重视画面质感与元素味觉、视觉及整体的情调，其封面通常极具动感、充满活力，且色彩鲜明、纯熟，总能给人留下味道鲜美、回味无穷的视觉印象。

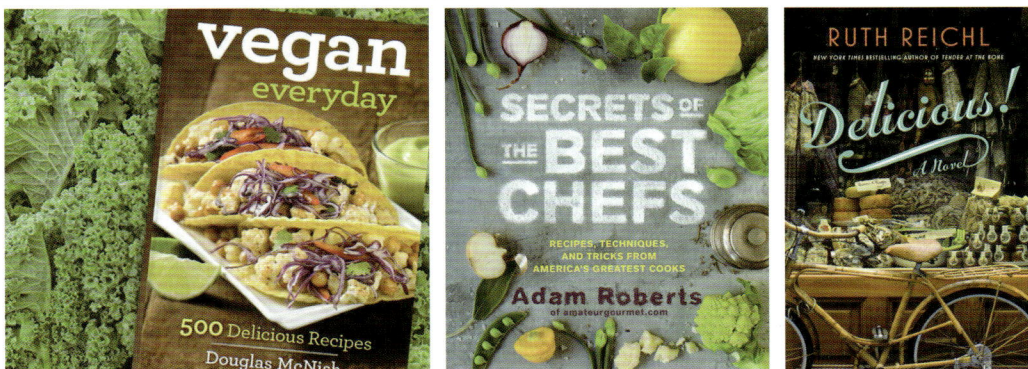

6.13.1　美味感的书籍装帧设计

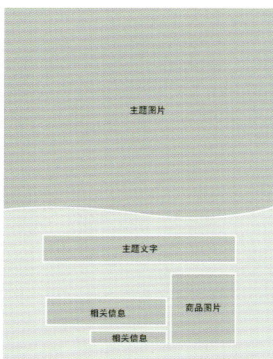

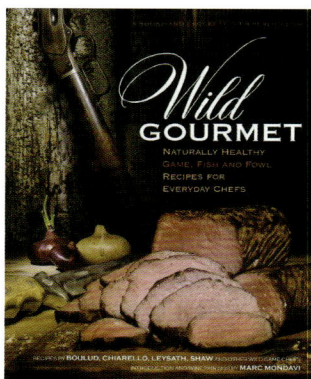

设计理念： 该杂志内页是关于比萨的内页设计作品。版面中灵活运用分割型构图的特点，将画面一分为二，上图下文，秩序井然，进而形成了理性、清晰的视觉美感。

色彩点评： 铬黄色色彩闲适，纯度、明度适中，是食物的最佳状态的色彩，且与主题图片相呼应，强化了整体的美味感。

🍕页面中，以曲线作为分割线，线条温婉、灵活，给人以温暖至极的视觉感受。

🍕作品中商品图片与色块颜色较为接近，呼应主题的同时也强调了商品特征。

RGB=232,214,212 CMYK=11,19,14,0
RGB=244,221,61 CMYK=11,13,80,0
RGB=205,122,32 CMYK=25,61,94,0
RGB=0,0,0 CMYK=93,88,89,80

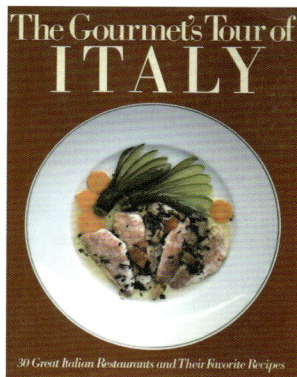

该封面以食品特写为主体，整体色调偏暗，更加强化了整体的美味感，且色彩浓郁，具有极强的视觉吸引力，进而增强了整体的视觉感染力。

RGB=245,169,111 CMYK=5,44,57,0
RGB=213,128,131 CMYK=21,60,39,0
RGB=96,66,58 CMYK=63,73,73,30
RGB=255,255,255 CMYK=0,0,0,0
RGB=0,0,0 CMYK=93,88,89,80

该作品以偏灰的红色为主色调，并运用了重心式构图，以盘装的美食为重心点，麦穗色彩灰暗，但注重形式美感，进而形成了浓厚的典雅的浪漫情怀。

RGB=213,230,238 CMYK=20,6,6,0
RGB=255,247,212 CMYK=2,4,22,0
RGB=150,156,94 CMYK=49,34,72,0
RGB=224,103,58 CMYK=14,72,79,0
RGB=127,46,42 CMYK=50,91,88,25

在书籍装帧设计中，封面往往要承载很多的相关信息与视觉元素，因此想要突出并强调某重要文字信息，我们就要运用色块将某重要信息与整个版面进行分割、强调，以简洁的色块为文字背景，将文字信息置于其上，进而形成醒目、简洁、一目了然的视觉美感。

作品中对比色的运用使整体画面活跃感十足，且视觉感较为饱满，左上角白色色块的置入不仅强调了信息内容，同时也避免了元素过于饱满的杂乱感。

作品中以满版的食品图片为背景，并按照黄金比例运用色块的分割特点进行文字强调。不仅具有图文并茂的饱满感，同时也具有清晰、明确的主题方向。

配色方案

双色配色	三色配色	四色配色

纯朴型版式设计赏析

6.14 设计实战：书籍装帧设计色彩的视觉印象

6.14.1 版式设计色彩的设计说明

书籍装帧设计中色彩的应用：

在书籍装帧设计中，色彩的视觉作用往往领先于文字与图形，具有先声夺人的视觉效果，因此，色彩是书籍的第一视觉语言。无论在封面设计中还是在书籍整体的色彩搭配上，色彩都可以全方面地体现书籍主题，表达作者情感，创作阅读意境及激发读者产生审美联想，是书籍装帧设计的重要视觉元素。而不同的色彩基调可以给人以不同的视觉感受，在设计过程中，书籍的色彩设计需以书籍内容、方向及风格为基准，进而使书籍形式与内容达到高度统一，以准确地传达书籍主题思想与情感。

设计目的：

色彩设计是书籍情感的直接表达，色彩的搭配可直接影响读者的视觉心理。在设计过程中，"随类赋彩"的色彩搭配是书籍装帧色彩设计的基本规律，只有与书籍内容、主题方向一致的色彩搭配方案，才能将书籍的核心思想展现得淋漓尽致，进而给人留下深刻的视觉印象。

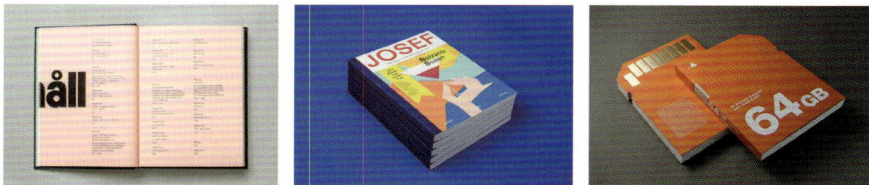

用色说明：

该作品为购物杂志内页设计，画面中以白色为背景色，更好地衬托了画面相关视觉元素。且整体色调灰度中和，具有和谐、温婉、舒缓的视觉特征，而彩色图片的置入为画面整体增添了一丝活跃感，使画面形成既平和、沉稳，又不失艺术色彩的视觉特征。

特点：

◆ 色调和谐统一，层次感十足。

◆ 图文并茂，内容丰富、视觉饱满。

◆ 灵活运用了反复的视觉流程使画面整体节奏感与韵律感大大提升。

◆ 整体骨骼清晰，具有较强的向导性。

安　全	分　析

设计师清单：

- 该作品以白色为背景色，使版面其他视觉元素得到了更好的展现，以青灰色与绿色相互搭配，给人以既和谐、温婉又安全、柔和的视觉感受。
- 图文并茂的搭配方式使画面形成了较强的呼吸性，给人以劳逸结合的视觉体验。
- 画面中的文字大小、粗细形成鲜明对比，在无形之中形成了视觉导向作用，引导受众视线的同时，也使画面元素得到更好的展现。

热　情	分　析

设计师清单：

- 该杂志内页整体色调为暖色调，且红色与橙色占据面积较大，具有较强的视觉感染力，使画面由内而外散发着强烈的热情感与活力感。
- 互补色的运用为画面营造了更为强烈的视觉冲击力。且左页与右页的版面图片、色块大小分别形成对比，进而形成了较为明确的层次关系。
- 画面整体色彩分布均匀，相互呼应，具有较强的完整性。且右页骨骼之间间隔相同，使画面形成了较强的节奏感与韵律感。

朴　实

设计师清单：

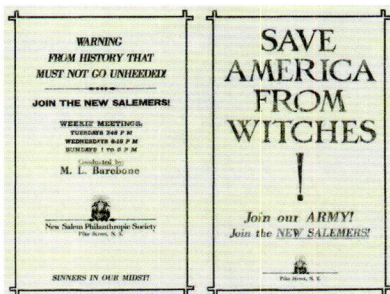

分　析

- 该杂志内页设计以灰色系为主色调，整体感觉和谐、含蓄、中和，给人以朴实、踏实的视觉心理体验。
- 画面整体色调统一、和谐，而绿色的点缀更为画面增添了一丝生机感。且上图下文的版面编排形式也为画面增添了丰富的细节感。
- 画面中彩色图片的置入打破了色调过于中和的乏味感，进而提升了画面整体的视觉效果，给人以既朴实又不失活力的视觉感受。

浪　漫

设计师清单：

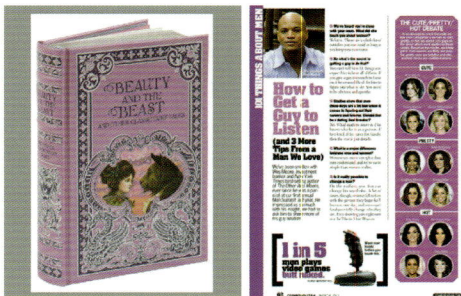

分　析

- 紫色与生俱来就散发着独特的魅力感，是所有色彩中最能表现浪漫气息的色彩。该杂志内页中以紫色为主色调，且色块之间运用了明度对比，为画面增添了强烈的层次感。
- 画面绿色圆形标识与左页图片色调相互呼应，以此提升画面完整性，同时给人以较强的视觉冲击力。
- 画面中的白色提升画面呼吸性，黑色增强画面沉稳度，色彩明度层次分明，具有较为和谐、饱满的视觉效果。

科 技	分 析

设计师清单：

- 该杂志内页以蓝色为主色调，蓝色是科技的代表色，是最能体现企业商业化的颜色。画面中以不同明度的蓝色为文字底色，给人以科技感十足的视觉感受。
- 画面中文字颜色以黑、白、灰为主，整体色调较为理性化，与科技感的蓝色相辅相成，从而体现画面主题思想。
- 该杂志内页左、右页面的视觉元素以左大右小、左少右多的视觉效果吸引读者阅读兴趣，具有超凡脱俗的视觉效果。

复 古	分 析

设计师清单：

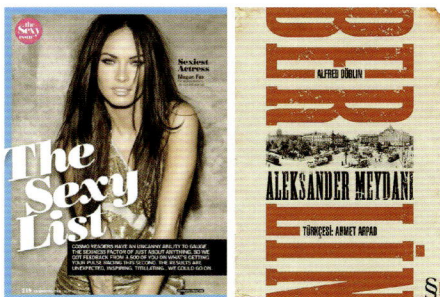

- 复古与怀旧较为相似，因此以相对偏灰的褐色为主色调，相对较灰的卡其色为辅助色，为画面营造复古气息。
- 色彩元素之间相互穿插搭配，不仅增加了画面的层次感，还增强了画面整体的完整性与视觉统一性。
- 画面色调与图片信息相互呼应，营造了和谐、统一的画面感，强化主题的同时也给受众带来了美不胜收的视觉感受。

第 **7** 章　书籍装帧设计秘籍

　　书籍装帧设计是指书籍由文稿到书籍的生产过程中的装潢设计工作，是书籍造型设计的简称。在设计过程中，要注重其设计理念与设计原则，灵活运用设计技巧才能营造更为完美、和谐的画面。书籍装帧是由封套、护封、封面、书籍、环衬、空白页、资料页、扉页、前言、后语、目录页、版权页、书心等元素构成。其设计内容包括纸张选用、封面设计、扉页设计、插图设计、确定开本、字体设计、字号选用、图形设计、色彩搭配、版式设计、装订方法，以及印刷和制作方法等。

◆　简练的语言有助于增强书籍装帧的理性感与醒目感，给人以一目了然的视觉感受。

◆　注重色彩情感与书籍内容的视觉语言一致性，可以使其视觉作用得到充分发挥，进而提升书籍艺术基调与完整性。

◆　在书籍装帧设计中，插图设计是活跃书籍内容的一个重要元素，可以使读者产生更为丰富的联想，进而增强书籍视觉语言的理解力。

7.1 利用图形解说书籍内容

图形是书籍装帧设计的要素之一，也是书籍装帧设计中的重要视觉元素，在设计过程中，图形可以传递出不同的视觉情感，且具有较强的可读性，通过图片，任何人都可以读懂书籍想要传递的信息，它的视觉作用甚至超越了文字，可以给人以更直观的视觉感受。

该作品为波兰 Kuba Sowinski 出版物的概念封面。

● 封面中以灰蓝色的天空为背景，并运用红色、蓝色做点缀，使其色彩之间形成了鲜明对比，进而增强了画面整体的视觉冲击力。

● 作品中"缆车"的"轨线"在封面中形成了对角，且画面中的视觉元素左右相对对称，进而产生了均衡、平稳的安全感。

● 作品中巧妙运用色条的形状，不仅增强了画面的动感，还提升了画面视觉语言的清晰度。

这是关于软件 Photoshop 的相关杂志设计作品。

● 该杂志页面运用了满版型构图，以同类色的色块填充整个版面，其视觉元素的相互叠压使封面具有较强的层次感。

● 左下角图形为 Photoshop 软件中某命令的图形标识，与主题内容相呼应，具有点明主题的作用。

● 放射的视觉流程，强调了该页面的视觉重点。使人更直接地读懂了该杂志所传递的信息。

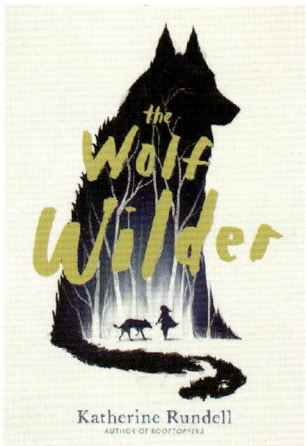

这是抒情小说《狼怀尔德》的封面设计作品。

● 封面中图形为狼形剪影，直击主题，给人以清晰、醒目的视觉感受。

● 人与景均编排于狼形剪影之中，而剪影中发光的效果烘托了书籍整体的迷人气息，抒发了画面整体的浪漫情感。

● 蓝色与黄色的对比不仅增强了封面的层次感，还提升了整体画面的空间感与深邃感。

7.2 书籍装帧中文字的广告性

在书籍装帧设计中，文字不仅仅是单纯的文字，而是介绍书籍信息及内容的途径，更是对书籍内容补充说明与传递信息的重要途径，通过对文字的编排与设计可以让读者对书籍有进一步的了解。而在文字设计中，封面中的副标题、丛书名、标语及广告方案等文字的广告性均相对较强，对书籍有着更为直观的宣传作用。

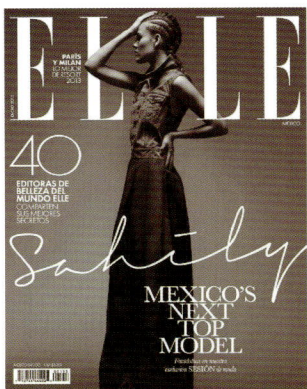

这是杂志 ELLE 的封面设计作品。

- 杂志封面的文字编排是最具有广告性的，其副标题与段落信息的设计不仅增添了封面的艺术氛围，更加烘托了该杂志的时尚气息。
- 作品中复古色调的背景色与人物形象相辅相成，并以白色为文字颜色，醒目、舒心，使画面形成了和谐、统一的视觉美感。

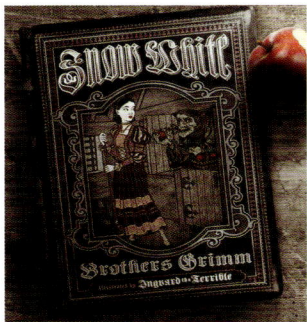

这是儿童书籍《白雪公主》的封面设计作品。

- 作品以书籍中所描绘的情景作为封面视觉重心点，边框素材的加入提升了书籍整体的贵族气息。
- 该作品整体色调较为深沉，黑暗中带有一丝复古感，烘托了主题的神秘氛围。
- 文字编排于书籍封面的上下两端，字体相互呼应但大小不同，进而形成了较强的主次关系。

这是儿童读物《晚安，月亮》的书籍装帧设计作品。

- 作品中以月亮和云为视觉重心点，星星作为点缀烘托了书籍整体的夜晚祥和氛围。
- 整体色调为蓝色，是体现夜晚的颜色，衬托主题的同时又形成了舒适、安心的视觉感受。
- 书脊文字与封面文字相呼应，具有较强的视觉功能性。

图片即由图形或图像组成的二维平面成像，可以是摄影图片，也可以是运用计算机进行设计绘制的矢量图。且在书籍装帧设计中，是必不可少的视觉元素之一。在设计过程中，运用多张图片的大小与间隔关系可以营造出较为强烈的韵律感与节奏感，进而增强书籍的视觉感染力。

这是某杂志内页设计作品。

- 该版面以大量图片为主，文字为辅，形成了较为活跃、舒展的视觉特点。
- 作品中整体色调较为清新，基调偏灰，具有闲情雅致的视觉美感。
- 作品中图片与图片之间间隔相同，使其在无形之中产生了必然的联系，形成了较为强烈的韵律感，且图片大、小不等，进而形成了清晰的主次关系。

这是 DIGIT 杂志的内页设计作品。

- 该杂志页面采用了出血式分割型构图，以图片为主要视觉元素，进行有规律且整齐的编排，使其产生了理性、规整的视觉美感。
- 版面上方向外延伸的出血位，增强了画面的呼吸性，避免了版面图片过于饱满的紧促感。
- 杂志内页的主题文字均为白色，起到了醒目信息的作用。

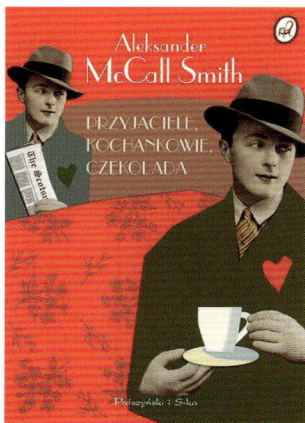

该作品为英国侦探小说作家亚历山大·梅可·史密斯的某小说的封面。

- 该封面以红色为背景色，运用对比色与互补色作为辅助色，给人以强烈的视觉冲击力。
- 封面中人物形象的大、小形成鲜明对比，形成了近大远小的视觉错觉，具有较强的空间感。
- 作品中的点缀色与主色调为同色系，向受众传达了一目了然的视觉层次感。

7.4 书籍装帧整体布局的视觉美感

书籍装帧的整体布局即书籍内页的左右对页相互连接，且贯穿整个版面，使其形成完整、统一的视觉感受。一个优秀的书籍装帧编排，不但要充分利用图形、文字、图像、色彩之间的分布关系，还要通过设计师的艺术涵养与境界来提升书籍的文化内涵与自身价值，进而达到最佳诉求效果，使读者在阅读中拥有"美"的感受。

这是某书籍的内页设计作品。

- 作品中以白色为背景色，更好地衬托了书籍内页的视觉元素，使其视觉语言更为明确、醒目。
- 该内页整体色调较为统一，而橙色色条与左侧蓝色色条颜色互补，增强版面活跃度的同时也提升了整体的艺术形式感。
- 图文并茂的版面视觉感丰富，给受众传达了饱满的视觉感受。

这是关于律师事务所的对页设计作品。

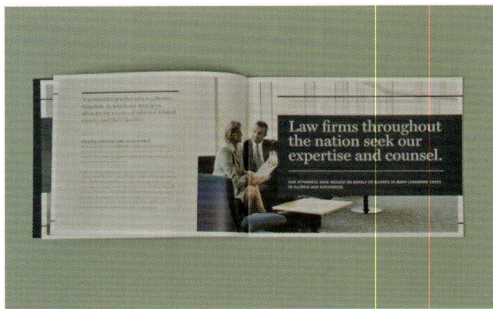

- 该作品色调和谐、统一，图文并茂，艺术化的版面增强了读者的阅读兴趣，进而提升了书籍的视觉效果。
- 该作品巧妙运用了图片、文字、色彩的合理分布，使其之间形成了充满美感的视觉语言。
- 右侧文字色块置于图片之上，增强了视觉元素的主次关系，使人们在阅读时得到了"美"的享受。

这是关于灯具的杂志内页设计作品。

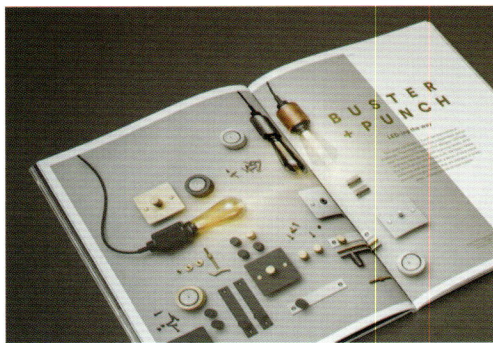

- 作品中以暖灰色为主色调，以灯具及零件为视觉重心点，以最直观的表达形式将版面主题展现得淋漓尽致。
- 版面中视觉元素小而多，但主次分明，编排有序，具有较强的理性感。
- 文字部分位于右页中间位置，且以图片与背景的交界处为中轴线，形成了左右对称的视觉流程，给人以平稳、均衡的视觉感受。

7.5 运用分割型构图增强书籍动感

版面设计是书籍装帧设计的基本形态，也是视觉美感的展现形式。其中分割型构图是版面设计的表现法则之一，且按照黄金分割比例进行分割设计，可使版面形成和谐、舒适的视觉美感。同时，不同的分割方式有着不同的视觉情感，可大致分为水平线分割、斜线分割、垂直分割等。

这是某化学练习册的封面设计作品。

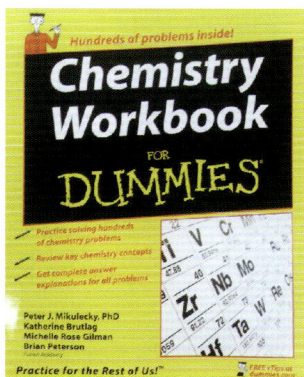

- 作品中以黄色为背景色，黑色为辅助色，红色为点缀色，整体色调较为明快，给人以充满活力的感觉。
- 封面中的黑色色块运用了倾斜的视觉流程，与黄色的色彩情感相互呼应，更加强烈了画面活跃了氛围。
- 作品中黑色色块与白色文字相结合，增强了版面的沉稳性，给人以醒目、清晰的视觉感受。

这是关于软件 Photoshop 的杂志内页设计作品。

- 该作品按照黄金比例形成了分割型构图，垂直的分割给人以强烈的有序条理感，同时又具有活跃、不呆板的视觉特征。
- 作品中，文字的编辑紧凑、理性，形成了和谐、舒适的视觉美感。
- 版面中橙色的融入不仅起到了文字说明的作用，同时贯穿全文，增强了画面的完整统一性。

这是德国最大的互联网企业的杂志宣传页面设计作品。

- 作品中以蓝色为主色调，红色为辅助色，对比色的运用使画面形成了强烈的色彩反差，以此吸引读者视线。
- 斜向的视觉流程使版面上下分为两部分，且文字以白色为主，贯穿整个版面，形成了画面统一、内容饱满的视觉感。
- 版面中圆形的视觉元素运用了反复的视觉流程，下方矩形色块与色块之间间隔相同，以上视觉元素均体现了该杂志内页的节奏感与韵律感。

7.6 书籍装帧的凹凸印刷

　　凹凸印即在书籍装帧设计中运用事先设计好的凹、凸两块印版，不用着墨的印法。在印刷品上进行压印，显示出浮雕状图像，使其视觉元素在二维空间内产生了三维立体效果，具有增强书籍的视觉感染力的作用。

这是书籍《金和银》的封面设计作品。

- 该封面以金色为主色，所有文字均运用凹凸印的印刷形式进行编排制作，使其形成了别树一帜的设计风格。
- 作品中文字为主要视觉元素，其大小及位置的编排使文字之间主次分明，且具有较强的立体感与细节感。
- 反光的金色封面与书籍主题相互呼应，烘托了书籍的尊贵气息。

这是笔记本的装帧设计作品。

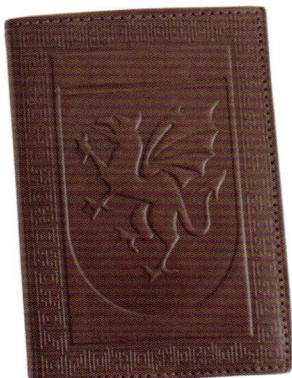

- 该作品的书籍装帧设计以皮革为封面材质，表面纹理独特，细腻的手感给人以舒适的视觉感受。
- 凹凸印压的印刷形式使书籍风格展现得淋漓尽致，形成了富有高贵气质的古典美。
- 书籍四周规整的花纹独特且富有美感，增强了书籍的线框感与艺术气息。

这是小说《哈克贝利·费恩历险记》的书籍装帧设计作品。

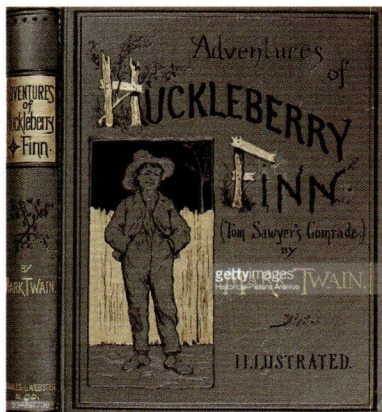

- 作品中以深沉的绿色为主色调，并运用黑色将人物轮廓概括而出，形成了复古、神秘的视觉感受。
- 金色的点缀打破了颜色过于深沉的压迫感，提升了书籍整体的活跃度，体现了书籍内容"历险旅程"中的既苦又乐的过程。
- 书脊文字的设计恰到好处，与封面的视觉元素相互呼应，且以间接的语言与直观的表达形式展现了书籍的完整、统一性。

书籍封面的视觉语言

书籍是否吸引读者的大部分因素取决于封面的设计，而封面是否吸引读者，则取决于其视觉语言的吸引力。书籍装帧设计的视觉语言是书籍视觉印象的直接表达，其外在形式服务于书籍内容，在设计过程中，需以最生动形象，最易让读者接受的表现形式进行创作设计，进而设计出新颖、切题、富有感染力的视觉语言，以此传达书籍视觉舒适完美的感觉。

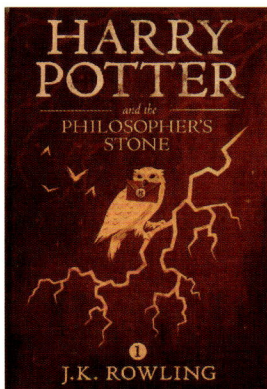

这是魔幻系列小说《哈利·波特》的封面设计作品。

- 作品以接近鲜血的红色为主色调，以同色系的橙色为辅助色，整体色调和谐统一，烘托了书籍整体的神秘玄幻感。
- 作品中以叼着信封的猫头鹰为视觉重心点，猫头鹰是哈利·波特充当信使的重要宠物，因此猫头鹰的形象起到了呼应书籍内容，强化书籍主题的作用。
- 其文字的编排主次分明，具有一目了然的视觉效果。

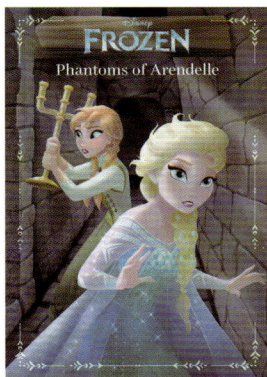

这是迪士尼初级小说《冰雪奇缘》的封面设计作品。

- 该作品运用了满版型构图，以小说中极具代表性的场景填充整个版面，形成了直观且饱满的视觉特点。
- 封面中边框的添加提升了画面视觉效果的规整性，同时也形成了较为强烈的形式美感。
- 主题文字以蓝色与白色为主，不仅充分体现了书籍的冰雪主题，还增强了文字的立体感。

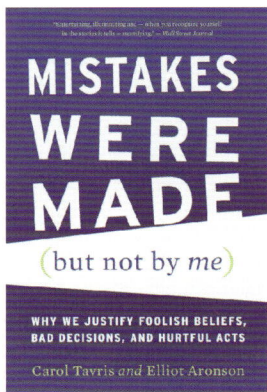

这是书籍《失误(但不是我)》的封面设计作品。

- 作品以纯度较高的蓝色为主色调，白色文字相互搭配，并以淡雅的绿色进行点缀，使得整体色调简洁有力，给人以规整、沉稳的视觉感受。
- 该封面在版式设计中严格按照黄金比例关系使画面形成了分割型构图，并运用色彩的明度差异，增强了画面的空间感。
- 淡雅的绿色分别置于版面的上中下三个角落，改变了画面整体的情感基调，活跃了书籍的整体氛围。

7.8 灵活运用图文结合增强书籍视觉效果

在设计过程中，运用图与文的巧妙结合，让其意表达得更形象、更多彩即是图文结合的设计手法。文字过多会导致版面形成乏味、单调，而图片的融入不仅可以增强书籍视觉语言的表现力，也可以提升书籍的视觉冲击力，以此增强其视觉效果，达到最佳视觉诉求。

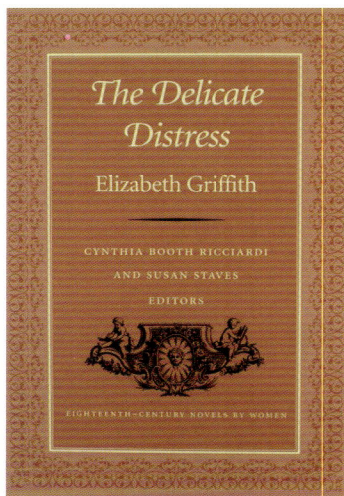

这是书籍《微妙的痛苦》的封面设计作品。

- 该作品以偏灰的红色为主色调，以同色调的黄色为辅助色，使画面形成了和谐统一的视觉感受。
- 作品中边框的外发光增强了书籍的主次关系，同时与带有印花的边框部分形成了较为强烈的空间感。
- 黑色的融入沉稳了整个画面，并强烈了书籍整体的视觉感染力。

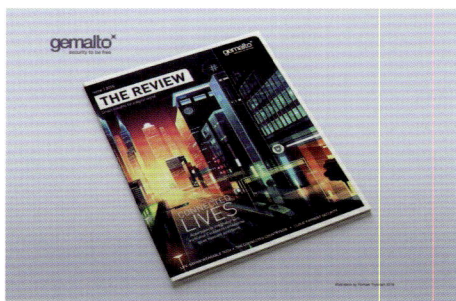

这是关于评论的书籍装帧设计作品。

- 该作品在版式设计中运用了满版型构图，以灯红酒绿的城市夜景填充整个版面，文字分别编辑于封面的上下两端，形成了简约而不简单的视觉感受。
- 版面中文字均位于偏左位置，与背景图片的高楼相互迎合，均衡画面的同时也增强了封面的形式美感。

这是BIZON白色书籍封面的设计作品。

- 该作品在书籍装帧设计中采用了出血式分割的构图形式，并运用人物图像与封面中的白色色块相结合，给人以足够的想象空间。
- 左侧文字色块为半透明状，使人物形象的人脸产生了若隐若现的视觉效果，烘托了书籍整体的神秘气息。
- 右上角的黄色色块起到了活跃书籍气氛的作用，打破了单色色调乏味感。

　　图形多指用计算机进行绘制的几何图、圆、直线、曲线、图表等矢量图，是二维空间内的一部分，且不具延展性，但识别性较强。在书籍装帧设计中，运用图形的易变换特点，可以使二维平面图形成三维立体的视觉效果，进而增强书籍装帧的空间感与视觉独特性。

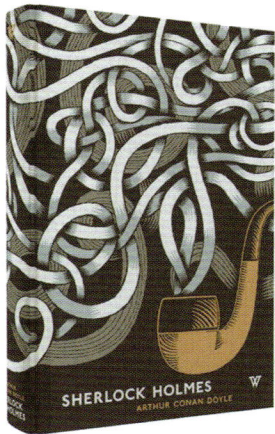

　　这是侦探小说《夏洛克·福尔摩斯》的书籍装帧设计作品。

- 该作品以深褐色为背景色，偏灰色、橙色为主体色，并运用曲线图形的蜿蜒与缠绕凸显了该书籍的侦探烧脑的特性。
- 作品中以烟斗为主体物，而烟斗是小说主人公的标志性物体，因此间接地向读者展示了主人公的形象特点。
- 书脊部分的编排设计与封面运用了整体布局的形式，形成了饱满、统一的视觉美感。

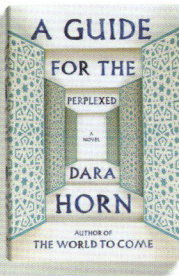

　　这是小说《困惑的向导》的封面设计作品。

- 作品中以象牙白为背景色，青色为主体色，蓝色为文字颜色，其色彩搭配形成了强烈的冷暖对比，增强了书籍的视觉感染力。
- 其矩形的编排遵循了近大远小的视觉要领形成了较为强烈的空间感与层次感。
- 文字的编排与图形相呼应，给人以无限的想象空间，进而吸引了读者的阅读兴趣。

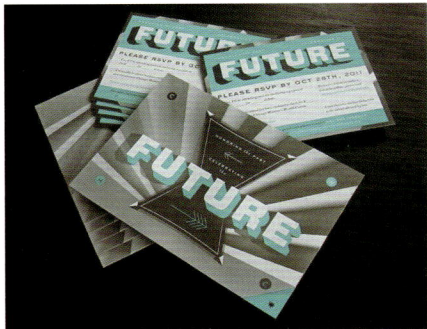

　　这是某画册的封面设计作品。

- 该作品运用了图形的反复的视觉流程与黑色色块相搭配，产生了较为强烈的空间感。
- 封面中以白色文字为主体，蓝色为阴影部分使其在二维空间内产生了三维的立体效果。
- 散射型构图使人们的视线聚集于版面中间，具有较强的导向作用。

7.10 书籍装帧的模切

模切是一种具有综合性与统一性于一体的设计方式。是指在书籍装帧设计后期中，一种裁切工艺的设计手法，即运用事先设计好的图形对印刷品进行相应的裁切设计，使其大大增强了书籍的层次性，且形成镂空的视觉美感。通过裁切的图形不仅可以使读者更直接地看到并了解书籍信息，还可以感受到书籍设计的趣味性。

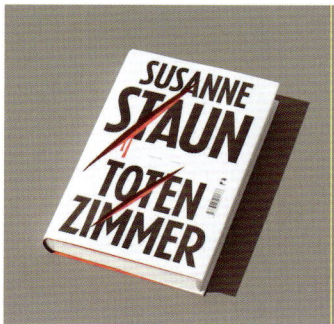

这是某小说的书籍装帧设计作品。

● 作品中以白色为背景，黑色为文字颜色，简洁明了的用色使书籍形成了醒目的视觉感受。

● 作品灵活运用了模切的设计手法，做出了刀疤的模切图形，使扉页的红色通过镂空位置显现而出，使读者更直接地了解了书籍内容。

● 模切的手法巧妙地摆脱了设计的局限性，并增强了书籍的趣味性与层次感。

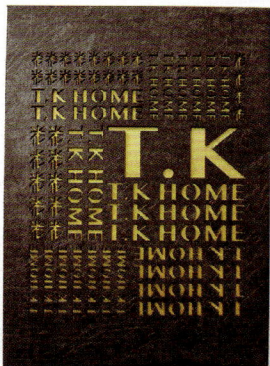

这是家具宣传手册 T.K HOME 的封面设计作品。

● 作品中以黑色为主体色，文字颜色是通过模切的设计手法，以扉页颜色填充。从而使书籍呈现出了丰富的结构层次。

● 特殊材质的封面给人以独特的创新感与深邃感，具有较强的时尚气息。

● 封面中的文字运用了反复的视觉流程，且编排随意而严谨，进而形成了规整、理性的视觉美感。

这是书籍《伦敦城市的秘密》的封面设计作品。

● 该作品以黄褐色的牛皮纸为书籍装帧材质，具有较强的吸墨性，易掉色，因此设计者在设计过程中采用了单色的印刷形式，不仅避免了掉色的情况，同时也增强了书籍的艺术形式。

● 模切图形采用了对称的视觉流程，形成了高端、庄重的视觉感受。

● 书函与书籍采用同种材质，且系列书籍的书脊图案与书籍封面图案相呼应，具有较强的象征性。

封面是书籍的第一张脸，而书脊则是书籍的第二张脸。书脊即书芯的厚度，指书籍封面与封底的连接部分。在书籍数量不断增长且竞争激烈的阶段，由于空间有限，全面展示书籍的可能性越来越小，此时书脊的编排设计起到了方便查阅的作用，且书脊文字通常为书籍名称，以便人们准确找到相应书籍。

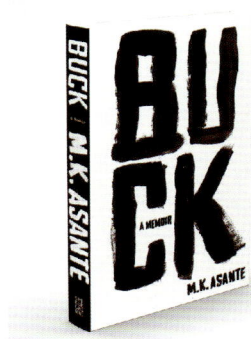

这是书籍《巴克·一本回忆录》的封面设计作品。

● 作品封面以白色为背景色，黑色为肢体色，书籍以黑色为背景色，白色为主体色，其色彩的反差形成了鲜明对比，增强了书籍的视觉冲击力。

● 书脊文字与封面文字信息相同，且书脊文字的设计起到了方便人们查阅的作用。

这是儿童书籍《水宝宝》的封面设计作品。

● 作品中以淡雅的驼色为主色调，并以小说情节为主题图片，给人以最直接的方式将书籍内容展现在人们面前。

● 蓝色的背景色与红色鲤鱼形成鲜明的冷暖对比，温和的色彩间接地展现了书籍的销售群体。

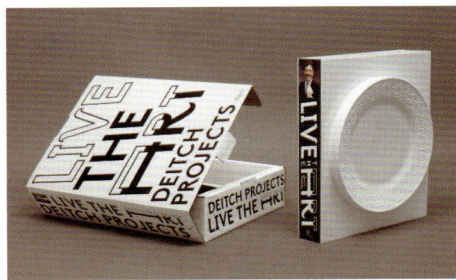

这是书籍《生活艺术》的装帧设计作品。

● 该作品在书籍装帧设计中以白色为主色调，黑色为辅助色，简约的配色与书籍主题相辅相成，形成了简约、时尚的艺术感。

● 作品中运用了凹凸印的印刷方式，使书籍形成了较强的立体感与艺术感。

● 书函的各个面都印有相关文字，以文字填充所有版面，形成了饱满的视觉美感。

7.12 书籍装帧中的纸张风格

纸张是书籍印刷中视觉信息的承载体，是最便捷的承载印刷材料。纸张影响着印刷效果，且不同的纸张有着不同的风格与性能，只有熟悉纸质风格与效果才能使设计达到理想效果。在书籍装帧设计中，纸张种类包括书纸、新闻纸、铜版纸、胶版纸、卡纸、牛皮纸、特种纸等。

这是书籍 *SHIT* 的装帧设计作品。

● 作品中书函为牛皮纸，书籍为胶版纸，且用色简洁，形成了黑、白、灰的强烈对比，进而增强了书籍的层次感。
● 该作品的主题文字在版式设计中运用了分割的设计手法，且文字组成为拼合状态，具有较强的独创性。
● 书签条的设计恰到好处，不仅颜色与整体色调统一，同时也起到了书签的作用。

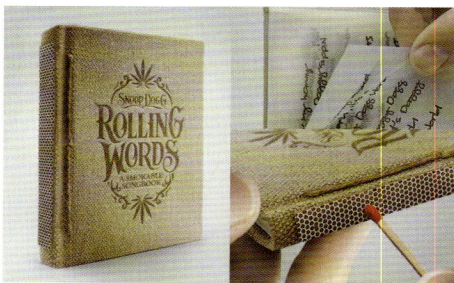

这是书籍《滚动文字》的装帧设计作品。

● 该作品的书籍封面以特种纸为封面材质，并以磷面纸为书脊，其独特的设计手法给人以较强的视觉感染力。
● 书籍整体色调为驼色，且色调统一，给人以怀旧、复古的视觉感受。
● 书籍封面的特殊材质具有独特的纹理结构，足以吸引读者阅读兴趣，进而增强书籍视觉效果。

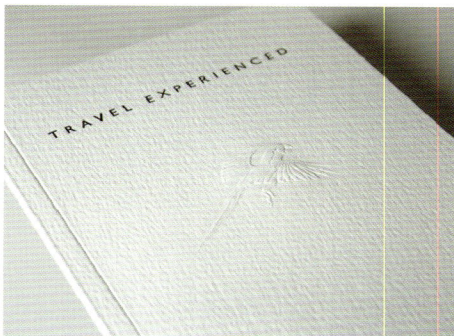

这是书籍《旅行经历》的装帧设计作品。

● 该书籍封面的特种纸纹路较为独特，给人以细节丰富、视觉饱满的感受。
● 书籍在装帧设计中运用了凹凸印的印刷手法凸显了主题内容，不仅增强了书籍的立体感，同时也提升了书籍整体的艺术气息。
● 主题文字为黑色，且字号不大，位于书籍上方，简洁的构图与配色，增强了书籍的时尚感。

利用点、线、面营造书籍趣味思维

点、线、面是所有视觉元素的基本元素，"点"是世间万物的起源，是"线"的基础，线由无数个点连接而成，而面是线运动的产物，点、线、面之间有着密不可分的联系，同时，点、线、面也是设计领域中的重要元素，灵活运用其微妙的关系会使书籍思维变得更为活跃，充满趣味性。

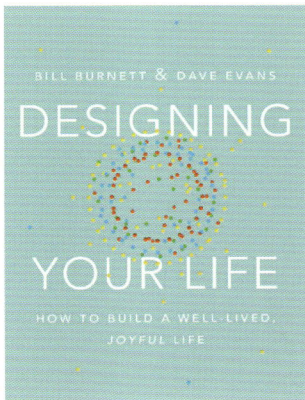

这是书籍《设计你的生活》的装帧设计作品。

- 作品中以青色为背景，且其重心点运用了色彩的三原色红、黄、蓝，增强了封面整体的视觉冲击力。
- 作品中的视觉中心以点构成，并组成环状，放射的视觉流程使人的视线聚集于中心，进而增强了画面的吸引力。
- 封面中的文字内容均为白色，使整体色调更为明快，给人以舒心、和谐的视觉感受。

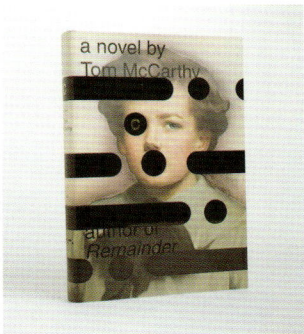

这是汤姆·麦卡锡的书籍 C 的装帧设计作品。

- 该作品以书籍主人公为主体，其书籍名称置于人物形象的眼睛上，具有较强的幽默性与趣味性。
- 该书籍在装帧设计中充分运用了点、线、面的特征，并与反复的视觉流程相结合，形成了较强的节奏感。
- 其点、线、面的编辑看似随便，却富有规律，自由型的编排使书籍的活跃感大大提升。

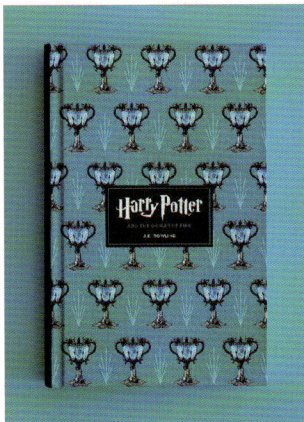

这是魔幻系列小说《哈利·波特》的封面设计作品。

- 该版面以青色为主色调，并以具有代表性的图像运用反复的视觉流程充满整个版面，给人以规整、饱满的视觉感受。
- 作品中文字部分运用黑色色块进行衬托，不但清晰了书籍名称，同时也强化了主题文字。
- 整体色调均为偏冷的青蓝色，同类色的运用使书籍封面的层次感大大增强。

7.14 运用渐变色彩营造空间感

渐变色彩是由两种或两种以上的颜色结合而成，是指由一种颜色柔和过渡到另一种颜色的产物，具有较强的节奏感与审美情趣，多用于背景颜色，不仅能烘托书籍的主题情调也能增强书籍的层次感，给人以饱满的视觉感受。

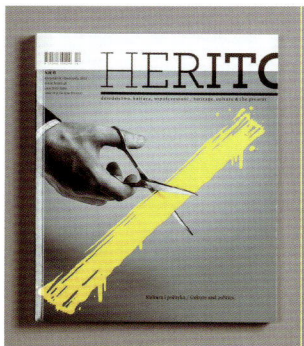

这是书籍 *HERITO* 的封面设计作品。

- 该作品运用了分割型构图，且黄色色条运用了对角的视觉流程，进而使封面形成了极具创意的形式美感。
- 整体色调为明度、纯度相对较低的青色为主，黄色色条的置入为书籍整体添加了一抹活跃的色彩，打破了颜色过冷的紧张感与压迫感。
- 作品中的图像与图形之间的互动甚是巧妙，并与渐变背景相互搭配，在无形之中形成了较为强烈的空间感。

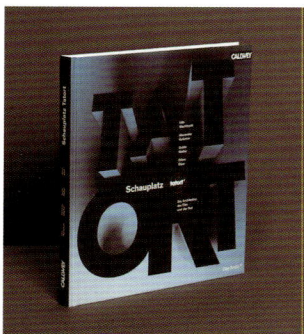

这是小说《犯罪现场》的书籍装帧设计作品。

- 作品整体色调偏冷，并与黑色相结合，体现了书籍内容的恐惧与深沉。
- 主题文字的扩大化与阴影效果相结合，增强字体立体感的同时也强化了书籍整体的视觉吸引力。
- 主题文字与其他文字的颜色形成强烈对比，起到文字说明作用的同时也明确了版面的层次关系。

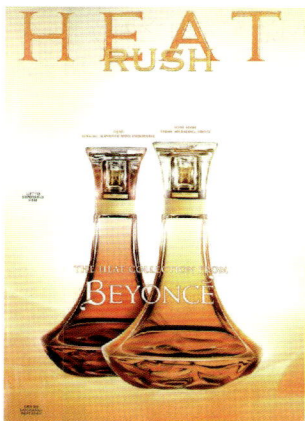

这是美国版时尚杂志的封面设计作品。

- 该版面在版式设计中运用了重心型构图，以商品图像为版面重心，给人以视觉明确、一目了然的感觉。
- 背景的渐变色与商品色彩相统一，不仅烘托了版面的浪漫韵味，也增强了整体的视觉空间感。
- 主标题与副标题的相互叠压强化了其视觉元素的层次感，同时也为整个封面增添了一丝活跃的氛围。

在书籍装帧设计中，是由基本形象与空白部分组成，白即是"虚"，"留白"的设计手法即遵循了计黑当白、虚实结合的设计规律，并根据主题方向使书籍产生既矛盾又统一的节奏感与韵律感，给人以较强的形式美感，达到内容与形式相统一的艺术境界。

这是书籍《黑与白》的装帧设计作品。

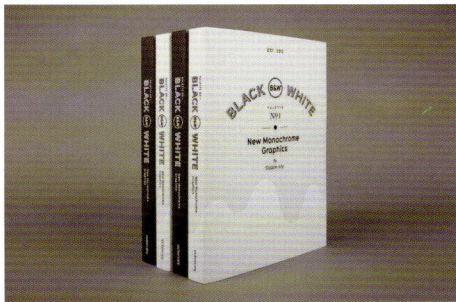

- 作品以黑、白为主体色，与书籍名称和内容相辅相成，无论是在文字信息上，还是在书籍外观上，都体现了书籍的主题方向。
- 书籍封面在版式设计中运用了分割型构图，其分割线为曲线，在构思设计中具有较强的独特性。
- 主体文字按照曲线编排，形成了和谐、委婉的视觉美感。

这是新西兰某系列书籍的封面设计作品。

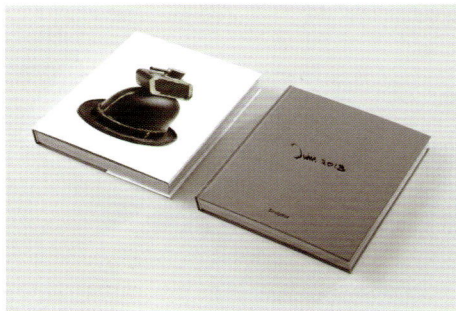

- 该系列作品在用色方面与视觉元素方面形成鲜明对比，但其构图形式与留白的设计手法相同，因此具有较强的完整性。
- 作品在设计过程中，根据人的视觉习惯将其主题置于版面重心，给人以简洁、醒目的视觉感受。
- 封面虚实结合，留白的设计手法可以给读者足够的想象空间。

这是小说《微物之神》的封面设计作品。

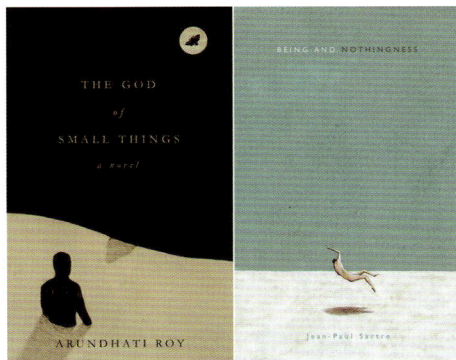

- 该作品在版式设计中运用了分割型构图，其手绘的曲线形式使整个版面形成了插画风格，具有较强的可塑性。
- 该封面的分割线以曲线的形式将前后相互连接，使其颜色不同的两个版面形成完整统一的布局形式。
- 人物形象相对较小，与书籍主题相辅相成，间接地突出主题方向与内容特点。

7.16 注重书籍封面语言的简练性

　　文字是书籍最为重要的组成部分，在封面设计中，主要指书名与副书名。书名是每本书籍必不可少的视觉元素，同样也是书籍最为醒目的元素之一，以简练的文字，控制读者视线，以以少胜多的设计手法与简约而不简单的视觉特点给读者以强烈的震撼与吸引力。

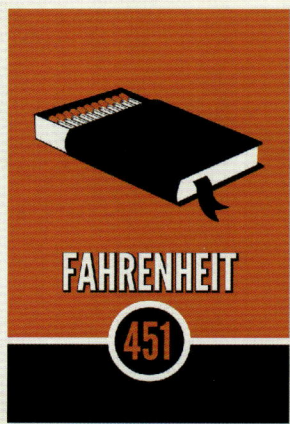

这是雷·布莱伯利的科幻小说《华氏451》的封面设计作品。

● 作品中以红色为背景，并运用黑、白、灰增强了书籍的层次感。

● 该作品在版式设计中运用了出血式分割形式，给人以足够的想象空间，同时也增强了书籍的神秘感。

● 封面中的主题图片构思新颖独特，具有较强的细节感，足以吸引读者阅读兴趣。

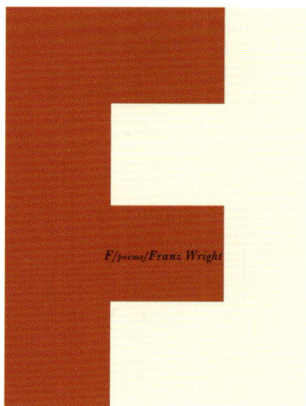

这是诗歌 F: Poems 的封面设计作品。

● 该版面以象牙白为背景色，红色为主体色，黑色为辅助色，色彩的简洁与对比，使整个封面形成了层次分明的视觉美感。

● 设计者在设计过程中有意将书名扩大，以夸张个性的字体来吸引读者视线，具有画龙点睛的艺术效果。

● 封面中黑色文字信息虽然不大，但其存在位置不容观者忽视，同时具有丰富封面层次的作用。

这是关于约尔格 – 乌韦·阿尔比希的某书籍的装帧设计作品。

● 作品中以约尔格 - 乌韦·阿尔比希命名，且以白色为背景色，字体颜色为白色，简洁的色彩形成了简约而又时尚的视觉感受。

● 重心式的构图使人的视线直接落到书籍重心点，具有一目了然的视觉特点。

● 倾斜的视觉流程为书籍简约的风格增添了一丝充满活力的气息。